的前世与今生

徐先玲　靳轶乔　编著

中国商业出版社

图书在版编目（CIP）数据

互联网的前世与今生 / 徐先玲，靳铁乔编著 .—北京：中国商业出版社，2017.10
ISBN 978-7-5208-0049-5

Ⅰ . ①互… Ⅱ . ①徐… ②靳… Ⅲ . ①互联网络—基本知识 Ⅳ . ① TP393.4

中国版本图书馆 CIP 数据核字 (2017) 第 231122 号

责任编辑：孔祥莉

中国商业出版社出版发行
010-63180647 www.c-cbook.com
（100053 北京广安门内报国寺 1 号）
新华书店经销
三河市同力彩印有限公司印刷
*
710×1000 毫米 16 开 12 印张 195 千字
2018 年 1 月第 1 版 2018 年 1 月第 1 次印刷
定价：35.00 元
* * * *
（如有印装质量问题可更换）

目录

contents

第一章 认识互联网

第二章 网络模型与互联网的应用

第三章　网上冲浪

第一章

认识互联网

第一节 互联网概述

1. 信息全球化——什么是互联网

到互联网上去冲浪，早已成为一种时尚。每当我们拿起一张报纸、一本杂志或者打开收音机、电视机的时候，都可能看到或听到一个词：互联网。而每每谈到互联网，必然离不开万维网（www）、环球网、信息高速公路之类的时髦词儿。人们不禁要问，互联网是什么？从广义上讲，互联网是遍布全球的联络各个计算机平台的总网络，是成千上万信息资源的总称；从本质

▲ 网络组织

上讲，互联网是一个使世界上不同类型的计算机能交换各类数据的通信媒介。从互联网提供的资源及对人类的作用方面来理解，互联网是建立在高度灵活性的通信技术之上的一个硕果累累、正迅猛发展的全球数字化数据库。

2. 无心栽花花儿发——互联网的诞生

互联网的诞生并不是出于一个有计划的设想，也并非是某一完美计划的结果，恐怕就连互联网的创始人也没有料想到它会有今天的规模和影响。在互联网刚问世的时候，没有人会想到它会变成千家万户离不开的一种现代信息工具，更不用说它广泛的商业用途了。

那么，互联网究竟是如何诞生的呢？从某种意义上说，互联网的雏形可以说是美苏冷战的产物。20 世纪 60 年代初，古巴发生核导弹危机，美国和苏联之间的冷战状态随之升温，核毁灭的威胁几乎成了当时人们日常生活的话题。在美国对古巴封锁的同时，越南战争爆发，许多第三世界国家产生了恐惧心理。由于美国联邦经费的刺激和公众恐惧心理的影响，“实验室冷战”也开始了。人们认为，能否保持科

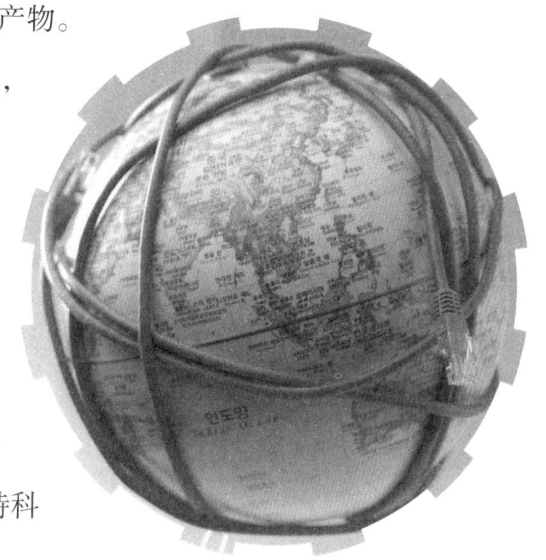

学技术上的领先地位，将决定战争的胜负。而科学技术的进步依赖于电脑领域的发展。到了 20 世纪 60 年代末，每一个主要的联邦基金研究中心，包括纯商业性组织、大学，都有了美国新兴电脑工业提供的最新技术装备的电脑设备。同时以电脑为中心互联共享数据的思想得到了迅速发展。

当时的美国国防部认为，如果仅有一个集中的军事指挥中心，万一这个中心被苏联的核武器摧毁，全国的军事指挥将处于瘫痪状态，后果将不堪设想。因此有必要设计一个分散的指挥系统，当部分指挥点被摧毁后其他点仍能正常工作，并且这些分散的点又能通过某种形式的通信网取得联系。在这种思想的激励下，1969 年，美国国防部高级研究计划管理局开始建立一个命名为 ARPAnet（阿帕网络，互联网前身）的网络，把美国的几个军事及研究用电脑主机联结起来。当初，阿帕网络只联结 4 台主机，从军事要求上说，它是置于美国国防部高级机密的保护之下，从技术上说，它还不具备向外推广的条件。

直到 1983 年，阿帕网络和美国国防部通信局研制成功了用于异构网络的 TCP/IP 协议，它是一种网络通信协议，有比以前网络更方便的功能，因此该协议在社会上受到很多人的欢迎。TCP/IP 协议的出现促使了真正网络的诞生，打开了人类走进互联网世界的帷幕。

知识链接

阿帕网络

什么是阿帕网络呢？阿帕网是美国国防部高级研究计划管理局开发的，世界上第一个运营的封包交换网络，它是全球互联网的始祖。

“ARPA”是美国高级研究计划署的英文简称。它的核心机构之一是信息处理处，一直致力于关注电脑图形、网络通信、超级计算机等课题的研究。整个美国计算机科学领域70%的研究课题由ARPA赞助，在许多人看来，它给研究者许多自由领域来实验，与一个严格意义上的军事机构相差甚远。结果ARPA不仅促成了网络诞生，同样也是电脑图形、平行过程、计算机模拟飞行等重要成果的诞生地。现在看来，虽然当初的阿帕网络传输速度慢得让人难以接受，显得非常原始，但是阿帕网的四个节点及其链接，已经具备网络的基本形态和功能，所以阿帕网的诞生通常被认为是网络传播的“创世纪”。

在1986年，美国国家科学基金会（National Science Foundation，NSF）利用阿帕网络发展出来的TCP/IP通信协议，以5个科研教育服务超级电脑中心为基础建立了广域网，由于美国国家科学基金会的鼓励和资助，很多大学、政府资助的研究机构甚至私营的研究机构纷纷把自己的局域网并入NSF的网络中。那时，阿帕网络的军用部分建立了自己的网络，脱离了母网，阿帕网络也逐步被NSF所替代。阿帕网络在20世纪90年代退出了历史舞台。如今，NSF网已成为互联网的重要骨干网之一。

到了20世纪90年代初期，架构在NSF网下的各个网络越来越多，互联网事实上已成为一个“网中网”。由于NSF网是由政府出资，因此，当时互联网最大的老板还是美国政府，只不过在一定程度上加入了一些私人小企业。互联网在20世纪80年代的扩张带来某些质的改变。互联网的使用者不再限于电脑专业人员，多种学术团体、企业研究机构，甚至个人用户进入互联网。新的使用者发现，加入互联网除了可共享资源外，还能进行相互间的通信，于是，他们逐步把互联网当作一种交流与通信的工具。

20世纪90年代以前，互联网的使用一直局限于科技研究领域，商业性机构进入互联网一直受到这样或那样的法规或传统问题的困扰。1991年，美国三家经营自己网络的公司组成了“商用互联网协会”，可以在一定程度上向客户提供互联网联网服务，而用户可以把它们的互联网子网用于任何的商业用途。互联网商业化服务提供商的出现，使商业企业可以堂堂正正地进入互联网，利用网络进行商业运营。商业机构一踏入互联网这一世界就发现了它在资料检索、通信、客户服务等方面的巨大潜力。于是，其势一发不可收，世界各地无数的企业及个人纷纷涌入互联网，带来互联网发展史上一个新的飞跃。

在过去，将一种传媒推广到5000万人时，收音机用了38年，电视用了15年，而互联网仅用了5年。时至今日，越来越多的人被吸收进互联网这个庞大的网络体系中来。互联网的普及，改变了人们的思维、生活与习惯，它的影响涉及社会和个人生活的方方面面。

第二节 互联网工作原理

在互联网还没有出现的时候，人与人之间的相互通信是靠传统的信息交换方式实现的，这就是通过邮件、电报或其他方式来通信，那么计算机呢?基于此，人们想到了用一种方式把电脑与电脑之间也实行通信，这就是互联网诞生的现实基础。互联网的本质是电脑与电脑之间互相通信并交换信息，这种通信跟人与人之间信息交流一样必须具备一些条件。比如，你给一位美国朋友写信，首先必须使用一种对方也能看懂的语言，然后还要知道并写上对方的通信地址，才能把信发出去。同样，电脑与电脑之间通信，首先也使用一种双方都能接受的“语言”——通信协议，然后还要知道电脑彼此的地址，通过协议和地址，电脑与电脑之间就能进行交流信息，这就形成了网络。

▶网络示意图

1. 电脑世界语——TCP/IP 协议

TCP/IP 协议可以简单理解为网络通信协议。可别小看这个协议，这可是国际互联网络的基础。

TCP/IP 是网络中使用的基本的通信协议。它实际上是一组协议，包括各种功能不同的协议，例如，远程登录、文件传输和电子邮件等。另外，TCP 协议和 IP 协议是两个最基本的重要协议，能够保证数据完整地传输。

我们通常称 TCP/IP 协议为 TCP/IP 协议族，包括 TCP、IP、UDP、ICMP、RIP、TELNETFTP、SMTP、ARP、TFTP 等许多协议。那么，这些协议族中的英文分别代表什么意思呢？下面我们对协议族中一些常用协议的英文名称和用途进行一一介绍。

TCP，Transport Control Protocol 的英文缩写，它是一种传输控制协议，提供可靠的、面向连接的传输控制，也就是在传输数据前要先建立逻辑连接，

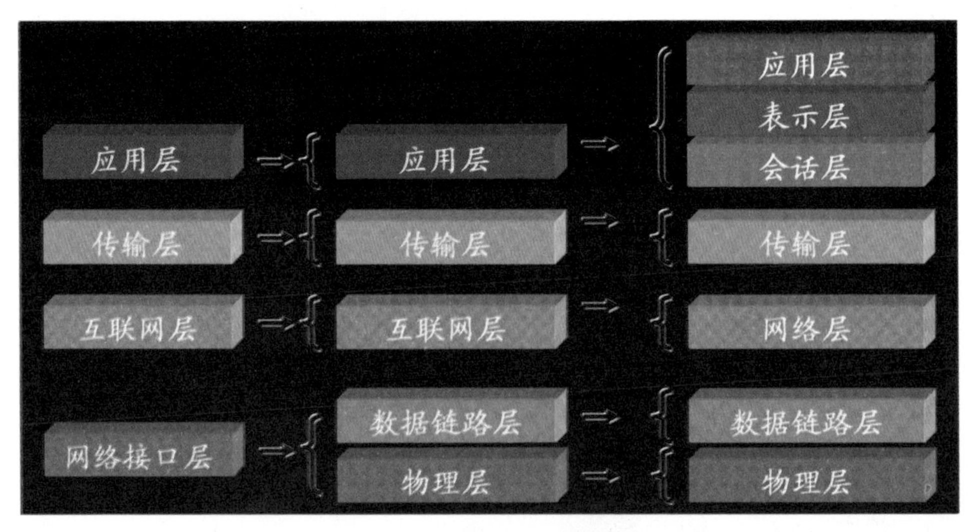

▲ TCP/IP5 层模型

然后再传输数据，最后释放连接。TCP提供端到端、全双工通信；采用字节流方式，如果字节流太长，将它分段，并提供紧急数据传送功能。广播和多播不能用于TCP。在一个TCP连接中，只有两方进行彼此通信。

IP，互联网 Working Protocol 的英文缩写，是一种网间网协议，是为计算机网络相互连接进行通信而设计的。在因特网中，它是能使连接到网上的所有计算机网络实现相互通信的一套规则，规定了计算机在因特网上进行通信时应当遵守哪些方面的要求。任何厂家生产的计算机系统，只要遵守IP协议就可以与因特网互连互通。正是因为有了IP协议，因特网才得以迅速发展成为世界上最大的、开放的计算机通信网络。

通俗地讲，IP地址也可以称为互联网地址，用来标识互联网上计算机的唯一逻辑地址。每台联网计算机都依靠IP地址来标识自己，与我们所使用的电话号码很类似。通过电话号码能够找到相应的使用电话的客户实际地址，IP地址也是一样，它也具有唯一性。如果同时在不同的计算机上使用相同的IP地址，就会产生网络冲突，从而使计算机无法正常联网。

UDP，User Datagram Protocol 的英文缩写，指用户数据包协议。UDP提供的服务是不可靠的、无连接的服务，UDP适用于无须应答并且通常一次只传送少量数据的情况。UDP协议是分发信息的一个理想协议，因为它在数据传输过程中无须建立逻辑连接，对数据包也不进行检查，因此UDP具有较好的实时性，效率高。例如，在屏幕上报告股票市场、在屏幕上显示航

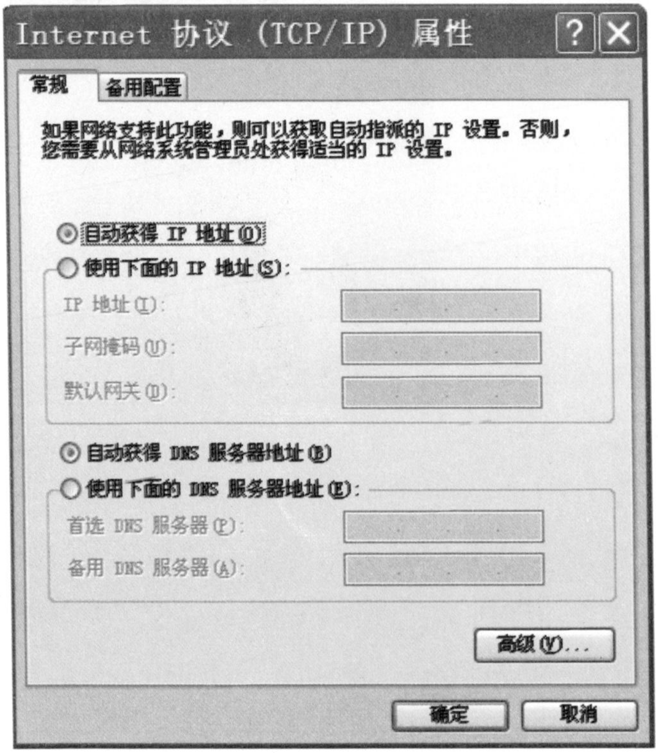

空信息等。UDP 广泛用在多媒体应用中，大多数因特网电话软件产品也都运行在 UDP 之上。

▲ IP 地址

ICMP，Internet Control Message Protocol 的英文缩写，指互联网控制信息协议。它是 TCP/IP 协议族的一个子协议，用在 IP 主机、路由器之间传递控制消息。控制消息是指网络通不通、主机是否可以访问、路由是否可用等网络本身的消息。在网络中，我们一般觉察不到 ICMP 协议的使用，实际上，我们在网络中经常会使用到 ICMP 协议。比如我们经常使用的用于检查网络通不通的 Ping 命令，“Ping”的过程实际上就是 ICMP 协议工作的过程。ICMP 协议是一个非常重要的协议，它对于网络安全具有极其重要的意义。ICMP 协议本身的特点决定了它非常容易被用于攻击网络上的路由器和主机。

SMTP，Simple Mail Transfer Protocol 的英文缩写，指简单邮件传输协议。SMTP 是一种提供可靠且有效电子邮件传输的协议。SMTP 是建立在 FTP 文件传输服务上的一种邮件服务，主要用于传输系统之间的邮件信息并提供有关来信的通知。

FTP，File Transfer Protocol的英文缩写，指文件传输协议。FTP的主要作用，就是让用户连接上一个远程计算机，查看远程计算机有哪些文件，然后把文件从远程计算机上拷贝到本地计算机上，或把本地计算机的文件传输到远程计算机上去。

SNMP，Simple Networkmanage Protocol的英文缩写，指简单网络管理协议。SNMP开发于20世纪90年代早期，其目的是简化大型网络中设备的管理和数据的获取。许多与网络有关的软件包，都用SNMP服务来简化网络的管理和维护。SNMP的所有通信字符串和数据都以明文形式发送，通信不加密，安全机制比较脆弱。攻击者一旦捕获了网络通信，就可以利用各种嗅探工具直接获取通信字符串，即使用户改变了通信字符串的默认值也无济于事。要避免SNMP服务带来的安全风险，最彻底的办法是直到确实需要使用SNMP时才启用它，一般情况下禁用SNMP。

ARP，Address Resolation Protocol的英文缩写，指地址解析协议。当我们在网页浏览器里面输入网址时，DNS服务器会自动把它解析为IP地址，浏览器实际上查找的是IP地址而不是网址。在局域网中，这是通过ARP协议来完成的。

知识链接

大数据

大数据，是由维克托·迈尔－舍恩伯格及肯尼斯·库克耶在编写的《大数据时代》一书中提出的，大数据有5个特点：大量、高速、多样、价值、真实性。这些数据来自社会生活、社交网络、电子商务网站、顾客来访记录等，当然还有许多其他来源。它的特色在于对海量数据的挖掘，但它必须依托云计算的分布式处理、分布式数据库、云存储和/或虚拟化技术，采用分布式计算架构，对海量数据采集，加工，整理，筛选，分类，最后应用到各行各业。

奥巴马政府甚至将大数据定义为“未来的新石油”。大数据时代已经来临，它将在众多领域掀起变革的巨浪。因为大数据的核心在于为客户挖掘数据中蕴藏的价值，而不是软硬件的堆砌。因此，针对不同领域的大数据应用模式、商业模式研究将是大数据产业健康发展的关键。大数据就是互联网发展到现今阶段的一种表象或特征而已，没有必要神话它或对它保持敬畏之心，在以云计算为代表的技术创新大幕的衬托下，这些原本很难收集和使用的数据开始容易被利用起来了，通过各行各业的不断创新，大数据会逐步为人类创造更多的价值。

现在的社会是一个高速发展的社会，科技发达，信息流通，人们之间的交流越来越密切，生活也越来越方便，大数据就是这个高科技时代的产物。

大数据的价值体现在以下几个方面：

1）对大量消费者提供产品或服务的企业可以利用大数据进行精准营销。

2）做小而美模式的中长尾企业可以利用大数据做服务转型。

3）面临互联网压力之下必须转型的传统企业需要与时俱进充分利用大数据的价值。

4）根据客户的购买习惯，为其推送他可能感兴趣的优惠信息。

5）从大量客户中快速识别出金牌客户。

6）使用点击流分析和数据挖掘来规避欺诈行为。

从各种各样类型的数据中，快速获得有价值信息的能力，就是大数据技术。明白这一点至关重要，也正是这一点促使该技术具备走向众多企业的潜力。

大数据最核心的价值就是在于对海量数据进行存储和分析。相比起现有的其他技术而言，大数据的“廉价、迅速、优化”这三方面的综合成本低，是最佳的选择。

特　点

第一，数据体量巨大。从 TB 级别，跃升到 PB 级别。

第二，数据类型繁多，如前文提到的网络日志、视频、图片、地理位置信息，等等。

第三，价值密度低。以视频为例，连续不间断监控过程中，可能有用的数据仅仅有一两秒。

第四，处理速度快。1 秒定律。最后这一点也是和传统的数据挖掘技术有着本质的不同。物联网、云计算、移动互联网、车联网、手机、平板电脑、PC 以及遍布地球各个角落的各种各样的传感器，无一不是数据来源或者承载的方式。

市　场

中国人口众多，互联网用户数在 2017 年已经超过 8 亿人，位居全球第一。海量的互联网用户创造了大规模的数据量。在未来的市场竞争中，能在第一时间从大量互联网数据中获取最有价值信息的企业才最具有优势。

当前，大部分中国企业在数据基础系统架构和数据分析方面都面临着诸多挑战。根据产业信息网调查，目前国内大部分企业的系统架构在应对大量数据时均有扩展性差、资源利用率低、应用部署复杂、运营成本高和高能耗等问题。

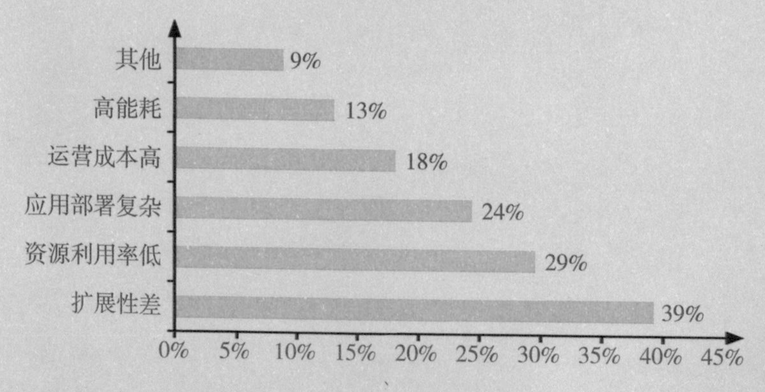

▲ 中国企业数据系统架构存在的问题

2011 年是中国大数据市场的元年，部分 IT 厂商已经推出了相关产品，一些企业已经开始实施了一些大数据解决方案。中国大数据技术和服务市场将在未来几年快速增长。2012 年将达到 4.7 亿元，增长率高达 80.8%，2016 年已接近 100 亿元。

党的十八届五中全会明确提出，实施“互联网 +”行动计划，发展分享经济，实施国家大数据战略。大力发展工业大数据和新兴产业大数据，利用大数据推动信息化和工业化深度融合，从而推动制造业网络化和智能化，正成为工业领域的发展热点。明确工业是大数据的主体，工业大数据的价值正是在于其为产业链提供了有价值的服务，提升了工业生产（工业 4.0 时代）的附加值。

未来之路

1. 物联网将成为主流；
2. 机器将在重大决策中发挥更大作用；
3. 文本分析将被更为广泛使用；
4. 数据可视化工具将统治市场；
5. 公众将会对隐私产生巨大恐慌；
6. 公司和机构将竞相寻找数据人才；
7. 大数据将提供解开宇宙中众多谜团的钥匙。

2. 网络中的电脑名字——IP 地址

在上一部分，我们对 TCP/IP 协议做了简要的介绍，协议就像计算机

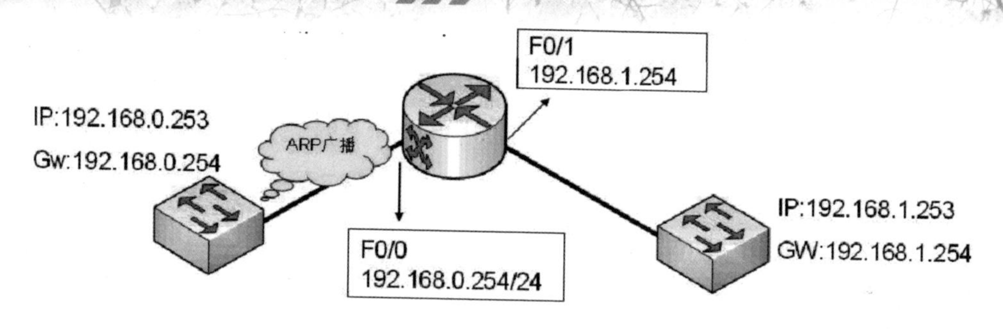

1. telnet 192.168.1.253
2. 判断出目标地址不在同一个网段所以去查找是否设置默认网关地址？
3. 如果没有设置默认网关此时将无法和 switch-02 通信
4. 如果没有设置默认网关此时将发送 ARP 广播获取到网关的 MAC 地址，完成数据帧封装后发送给网关（路由器接口）

与计算机之间的语言，如果想使计算机联网，除了语言外，还要有固定地址，那么怎样拥有这个地址呢？网络地址可以用网际协议地址（IP 地址）来实现。IP 地址是为了标识出互联网上主机的位置而设置的。互联网上的每一台计算机都被赋予唯一的互联网地址，这一地址是该计算机走进网络世界，实现与不同计算机之间通信的唯一地址，因此，IP 地址具有唯一性。

3. 容易记的电脑名字——域名地址

尽管 IP 地址是标识网络上计算机的唯一地址，但因为 IP 地址是数字型，用户记忆起来十分不方便，于是人们又发明了另一套字符型的地址方案，也就是域名地址。IP 地址和域名是一一对应的，例如：河北科技大学的 IP 地址是 202.206.64.xx，对应域名地址为 www.hebust.edu.cn。这份域名地址的信息存放在一个叫域名服务器（DNS，Domain Name Server）的主机内，使用者只需了解易记的域名地址就可以了，域名服务器 DNS 负责它们的对应转换工作。DNS 就是提供 IP 地址和域名之间的转换服务的服务器。

既然域名地址比 IP 地址有优势，那么域名地址都有哪些实际应用意义呢？域名地址是从左至右来表述它的意义的，最左边的是这台主机的机器名称，最右边的部分为顶层域。一般域名地址可以依次表示为主机机器名、单位名、网络名、顶层域名。如 dns.hebust.edu.cn，这里的 dns 是河北科技大学的一个主机的机器名，hebust 代表河北科技大学，edu 代表中国教育科研网，cn 代表中国，顶层域一般是网络机构或所在国家地区的名称缩写。

4. 收发数据包——互联网如何工作

有了 TCP/IP 协议和 IP 地址的概念，我们就可以很好地理解互联网的工作原理了。当一个用户想给其他用户发送一个文件时，TCP 先把该文件分成一个个小数据包，为了使接收方的机器确认传输正确无误，TCP 又在数据包上加上一些特定的信息（可以看成是装箱单），然后 IP 再在数据包上

标上地址信息，这样就形成了可在互联网上传输的TCP/IP数据包。

当TCP/IP数据包到达目的地后，计算机首先去掉地址标志，利用TCP的装箱单检查数据在传输中是否有损失。如果接收方发现有损坏的数据包，就要求发送端重新发送这个被损坏的数据包，直到最后确认无误后，再将各个数据包重新组合还原成原文件。

就这样，互联网通过TCP/IP协议这一网上的“世界语”和IP地址实现了它的全球通信的功能。

知识链接

帧

帧是网络数据传输的一个最小单位，由不同的部分组成，不同的部分执行不同的功能。它是通过特定的称为网络驱动程序的软件进行的，然后通过网卡把数据发送到网线上，通过网线传输到目的机器（主服务器），在目的机器的另一端执行相反的过程。

第二章

网络模型与互联网的应用

互联网是由通信线路互相连接的许多自主工作的计算机构成的集合体，各个部件之间以不同的规则进行通信，这就是网络模型所要研究的问题。那么，什么是网络模型呢？网络模型一般是指 OSI 七层参考模型和 TCP/IP 四层参考模型，这两个模型在网络中应用最为广泛。

第一节 网络模型

1. 神奇的七色花——OSI 七层参考模型

OSI 是英文 Open System Interconnect 的缩写，中文意思是开放式系统互联，它是由国际标准化组织制定的。这个模型的主要特点是把实现网络通信的工作分为 7 层，分别是物理层、数据链路层、网络层、传输层、会话层、表示层和应用层。1 至 4 层被认为是低层，它们与数据移动密切相关。5 至 7 层是高层，包含应用程序级的数据。每一层负责一项具体的工作，然后把数据传送到下一层。

（1）物理层（Physical Layer）

我们知道，要传递信息就要利用一些物理媒体，如双纽线、同轴电缆等。但具体的物理媒体并不在 OSI 的 7 层之内，不过，也有人把物理媒体当作第 0 层。物理层的任务就是为它的

▲ 物理层

上一层提供一个物理连接，以及设备的机械、电气、功能和过程特性。如网络，连接时所需插件的规格尺寸、引脚数量和排列情况等。在这一层，数据还没有被组织，仅作为原始的位流或电气电压处理，它所使用的单位是比特。

（2）数据链路层（DataLink Layer）

数据链路层负责在两个相邻结点间的线路上，无差错地传送以帧为单位的数据。每一帧包括一定数量的数据和一些必要的控制信息。它在实际应用上和物理层相似，主要负责建立、维持和释放数据链路的连接。在传送数据时，如果接收点检测到所传数据中有差错，就要通知发送方重发这一帧。

（3）网络层（Network Layer）

在计算机网络中进行通信的两个计算机之间可能会经过很多个数据链路，也可能还要经过很多个通信子网。网络层的任务就是选择合适的网间路由和交换结点，确保数据及时传送。网络层将数据链路层提供的帧组成数据包，包中封装有网络层包头，其中含有逻辑地址信息——源站点和目的站点地址的网络地址。

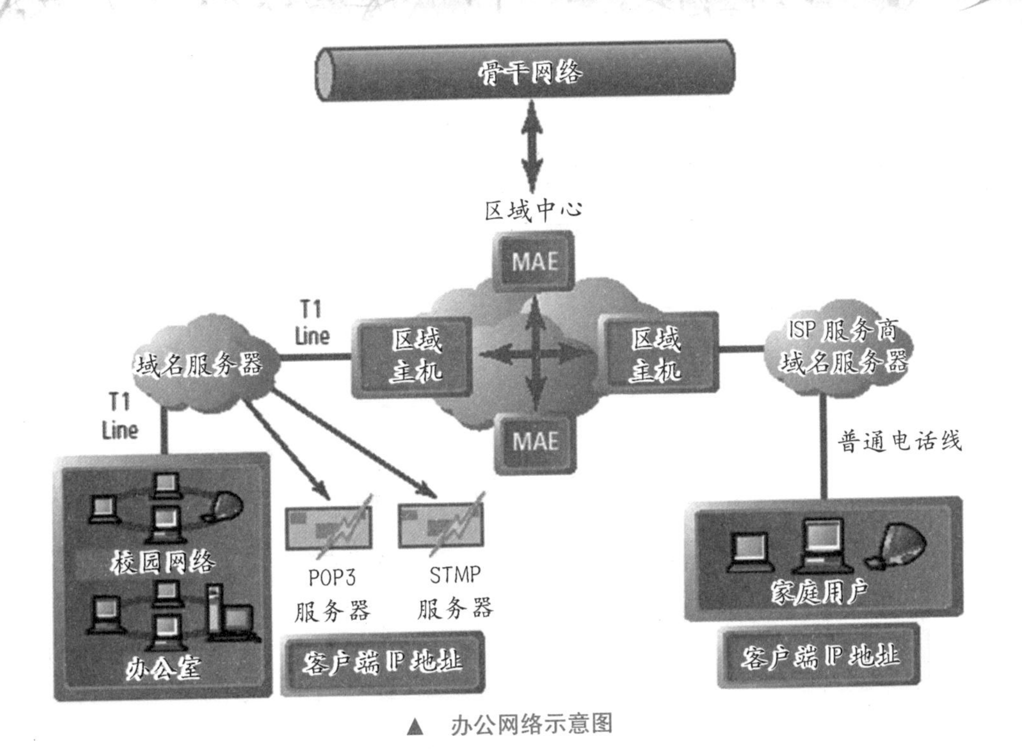

▲ 办公网络示意图

（4）传输层（Transport Layer）

该层的任务是根据通信子网的特性充分地利用网络资源，并以可靠、经济的方式，为两个对接端系统（也就是源站和目的站）的会话层之间，提供建立、维护和取消传输连接的功能，负责可靠的传输数据。在这一层，信息的传送单位是报文。

（5）会话层（Session Layer）

这一层也可以称为会晤层或对话层，在会话层及以上的高层次中，数据传送的单位不再另外命名，统称为报文。会话层提供包括访问验证和会话管理在内的建立和维护应用之间通信的机制，不参与具体的传输。例如服务器验证用户登录，便是由会话层完成的。

（6）表示层（Presentation Layer）

这一层主要解决用户信息的语法表示问题。它将需要交换的数据从适合于某一用户的抽象语法，转换为适合于OSI系统内部使用的传送语法，也就是提供格式化的表示和转换数据服务。另外，表示层还进行压缩和解压缩、加密和解密数据等工作。

（7）应用层（Application Layer）

应用层是用来确定进程之间通信的性质以满足用户需要，并且能够提供

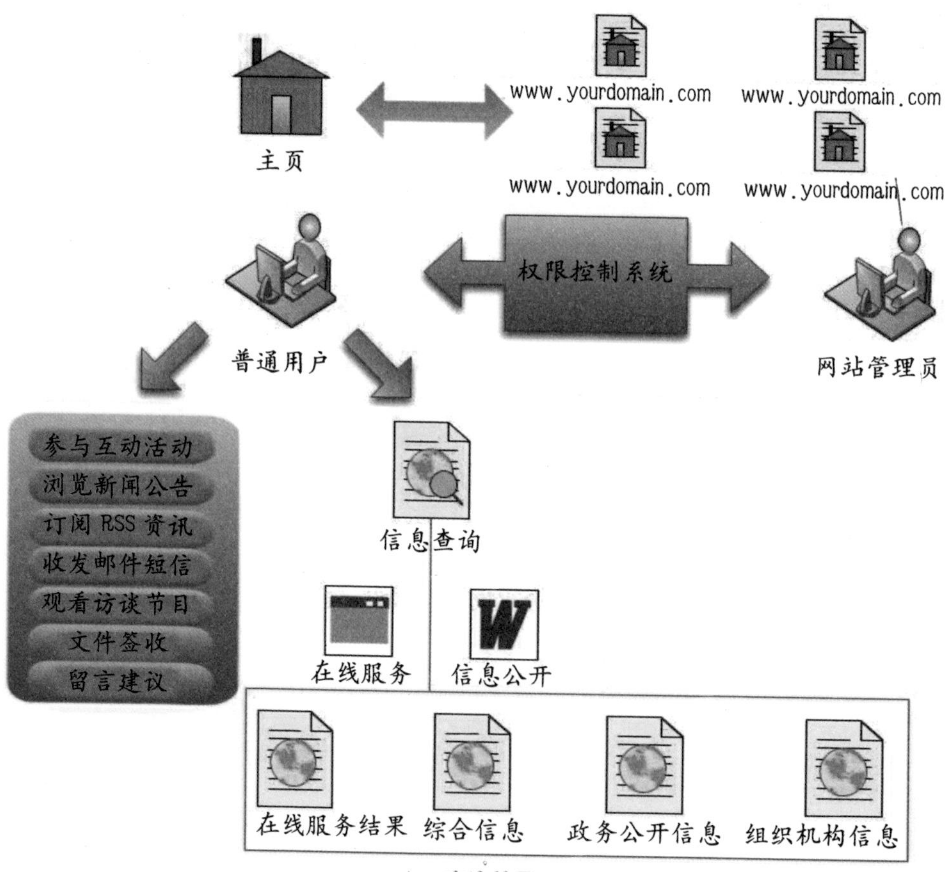

▲ 查询结果

网络与用户应用软件之间的接口服务。

2. 魔幻四灵境——TCP/IP 四层参考模型

从协议分层模型方面来讲，TCP/IP 是由四个层次组成的，分别是网络接口层、网间网层、传输层、应用层。那么，这四层都分别具有什么作用呢？又有哪些特点呢？

（1）网络接口层

这是 TCP/IP 软件的最低层，负责接收 IP 数据包并通过网络来进行接收或发送。或者从网络上接收物理帧，抽出 IP 数据包，传送到 IP 层。

（2）网间网层

它主要负责相邻计算机之间的通信。网间网层的主要功能包括三个方面。首先是处理来自传输层的分组发送请求。网间网层收到请求后，将分组装入 IP 数据报，填充报头，选择去往主机（服务器）的路径，然后将数据报发往适当的网络接口。其次是处理输入数据报。网间网层检查数据报的合法性之后进行传输。假如该数据报尚未到达主机，则转发该数据报。假如该数据报已到达主机，则去掉报头，将剩下部分交给适当的传输协议。最后是处理路径、流控、拥塞等问题。

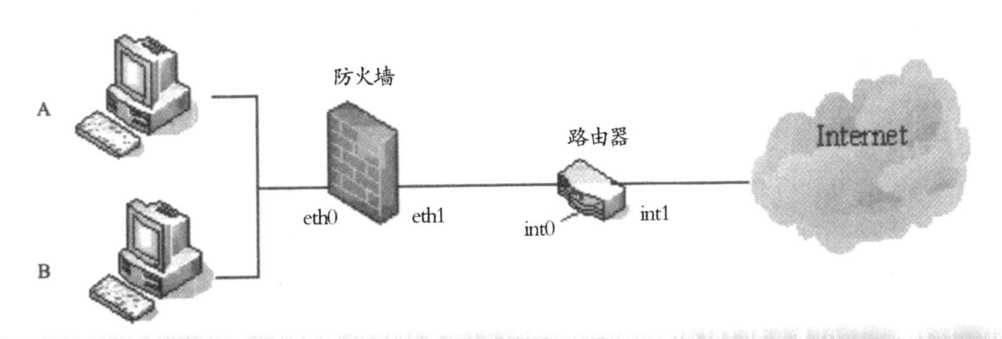

（3）传输层

传输层提供应用程序间的通信。它所具有的功能包括格式化信息流和提供可靠传输。为实现后者，传输层协议规定接收端必须发回确认，并且假如分组丢失，必须重新发送。

（4）应用层

在这个参考模型中也包括应用层，它主要是向用户提供一组常用的应用程序，比如电子邮件、文件传输访问、远程登录等。远程登录 Telnet 是 Internet 远程登录服务的标准协议和主要方式。使用 Telnet 协议提供在网络其他主机上注册的接口。Telnet 会话提供了基于字符的虚拟终端。文件传输访问 FTP（文件传输协议）使用 FTP 协议来提供网络内机器间的文件拷贝功能。

知识链接

报 文

什么是报文？它是网络中交换与传输的数据单元，也是一种网络传输单位，传输过程中能不断封装成分组、包、帧等单位来传输，它发送的是完整信息，信息长短据情况而定，可分为自由报文和数字报文。

第二节　互联网的应用

互联网实际上是一个涵盖范围极广的信息库，它存储着海量的信息，可以说是无所不包，其中以新闻、商业、科技和娱乐信息为主。通过它，你可以了解来自世界各地的信息，阅读网上杂志，收发电子邮件，和朋友聊天，进行网上购物，观看影片视频，还可以聆听音乐会……除此之外，互联网还是一个覆盖全球的枢纽中心，通过它，你可以在电脑前足不出户地畅游世界……

1. 超越时空界限——信息传播

随着互联网的飞速发展，它已经成为我们与外界交流的重要平台，在信息传播中，它的强大表现得尤为明显。例如，目前通过网络，任何一个用户都可以把各种信息（当然，要排除危害社会健康的信息）发布到网络中，以供人们进行交流传播。世界各

地用它传播信息的机构和个人越来越多，互联网上传播的信息形式多种多样，网上的信息内容也越来越丰富多彩。目前，互联网已成为世界上最大的广告系统、信息网络和新闻媒体。互联网除商用外，许多国家的政府、政党、团体还用它进行政治宣传。现在许多农村也使用互联网，把自己生产和加工的农产品销往世界各地。

2. 即时沟通交流——通信联络

通信联络是指利用互联网所具有的电子邮件通信系统，来进行与外界的沟通和交流。利用电子邮件可以和他人进行通信联络。甚至还可以在网上通电话，乃至召开电话会议，这样既经济又科学实用。

知识链接

人工智能

人工智能是1956年由雨果·德·加里斯提出的。它是研究、开发用于模拟、延伸和扩展人的智能的理论、方法、技术及应用系统的一门新的技术科学。人工智能是计算机科学的一个分支，它试图了解智能的实质，并生产出一种新的能与人类智能相似的方式做出反应的智能机器。该领域的研究包括机器人、语言识别、图像识别、自然语言处理和专家系统等。人工智能从诞生以来，理论和技术日益成熟，应用领域也不断扩大，可以设想，未来人工智能带来的科技产品，将会是人类智慧的“容器”。人工智能是对人的意识、思维的信息过程的模拟。人工智能不是人的智能，但能像人那样思考、也可能超过人的智能。

人工智能是一门极富挑战性的科学，从事这项工作的人必须懂得计算机知识、心理学和哲学。人工智能是包括十分广泛的科学，它由不同的领域组成，如机器学习，计算机视觉等等，总的说来，人工智能研究的一个主要目标是使机器能够胜任一些通常需要人类智能才能完成的复杂工作。但不同的时代、不同的人对这种“复杂工作”的理解是不同的。

人工智能的定义可以分为两部分，即“人工”和“智能”。“人工”比较好理解，争议性也不大。有时我们会要考虑什么是人力所能及制造的，或者人自身的智能程度有没有高到可以创造人工智能的地步，等等。但总的来说，“人工系统”就是通常意义上的人工系统。

关于什么是“智能”，就问题多多了。这涉及到其它诸如意识、自我、思维（包括无意识的思维）等等问题。人唯一了解的智能是人本身的智能，这是普遍认同的观点。但是我们对我们自身智能的理解都非常有限，对构成人的智能的必要元素也了解有限，所以就很难定义什么是“人工”制造的“智能”了。因此人工智能的研究往往涉及对人的智能本身的研究。关于动物或其它人造系统的智能也普遍被认为是人工智能相关的研究课题。

人工智能在计算机领域内，得到了愈加广泛的重视。并在机器人，经济政治决策，控制系统，仿真系统中得到应用。

尼尔逊教授对人工智能下了这样一个定义：“人工智能是关于知识的学科——怎样表示知识以及怎样获得知识并使用知识的科学。”美国麻省理工学院的温斯顿教授认为：“人工智能就是研究如何使计算机去做过去只有人才能做的智能工作。”这些说法反映了人工智能学科的基本思想和基本内容。即人工智能是研究人类智能活动的规律，构造具有一定智能的人工系统，研究如何让计算机去完成以往需要人的智力才能胜任的工作，也就是研究如何应用计算机的软硬件来模拟人类某些智能行为的基本理论、方法和技术。

人工智能是计算机学科的一个分支，20 世纪 70 年代以来被称为世界三大尖端技术之一（空间技术、能源技术、人工智能）。也被认为是 21 世纪三大尖端技术（基因工程、纳米科学、人工智能）之一。这是因为近三十年来它获得了迅速的发展，在很多学科领域都获得了广泛应用，并取得了丰硕的成果，人工智能已逐步成为一个独立的分支，在理论和实践上都已自成一个系统。

人工智能是研究使计算机来模拟人的某些思维过程和智能行为（如学习、推理、思考、规划等）的学科，主要包括计算机实现智能的原理、制造类似于人脑智能的计算机，使计算机能实现更高层次的应用。人工智能将涉及到计算机科学、心理学、哲学和语言学等学科。可以说几乎包括自然科学和社会科学的所有学科，其范围已远远超出了计算机科学的范畴，人工智能与思维科学的关系是实践和理论的关系，人工智能处于思维科学的技术应用层次，是它的一个应用分支。从思维观点看，人工智能不是仅限于逻辑思维，要考虑形象思维、灵感思维才能促进人工智能的突破性的发展。数学常被认为是多种学科的基础科学，数学进入语言、思维领域，人工智能学科也必须借用数学工具，它们将互相促进且快速地发展。

人工智能就其本质而言，是对人思维的信息过程的模拟。

对于人的思维信息过程的模拟有两种，一是结构模拟，仿照人脑

的结构机制，制造出“类人脑”的机器；二是功能模拟，暂时撇开人脑的内部结构，而从其功能过程进行模拟。现代电子计算机的产生便是对人脑思维功能的模拟，是对人脑思维的信息过程的模拟。

弱人工智能如今不断地迅猛发展，尤其是2008年经济危机后，美日欧希望借机器人技术实现再工业化，工业机器人以比以往任何时候都更快的速度发展，更加带动了弱人工智能和相关领域产业的不断突破，很多必须用人来做的工作如今已经能用机器人实现。而强人工智能则暂时处于瓶颈，还需要科学家们的努力。

现在用来研究人工智能的主要物质基础以及能够实现人工智能技术平台的机器就是计算机，人工智能的发展历史是和计算机科学技术的发展史联系在一起的。除了计算机科学以外，人工智能还涉及信息论、控制论、自动化、仿生学、生物学、心理学、数理逻辑、语言学、医学和哲学等多门学科。人工智能学科研究的主要内容包括：知识表示、自动推理和搜索方法、机器学习和知识获取、知识处理系统、自然语言理解、计算机视觉、智能机器人、自动程序设计等方面。

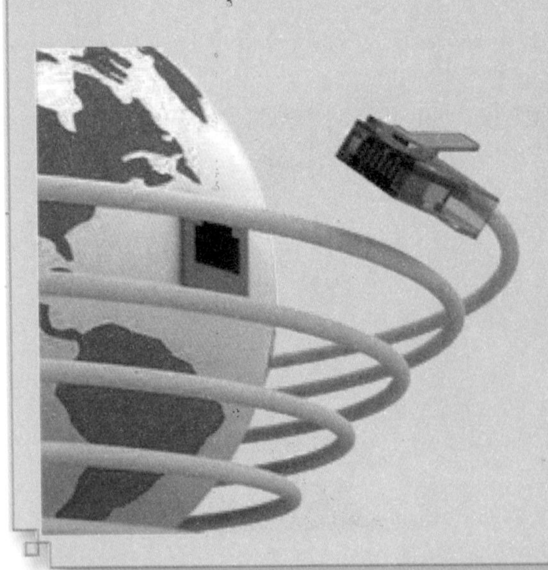

如今没有统一的原理或范式指导人工智能研究。在许多问题上研究者都存在争论。其中几个长久以来仍没

有结论的问题是：是否应从心理或神经方面模拟人工智能？或者像鸟类生物学对于航空工程一样，人类生物学对于人工智能研究是没有关系的？智能行为能否用简单的原则（如逻辑或优化）来描述？还是必须解决大量完全无关的问题？

智能是否可以使用高级符号表达，如词和想法？还是需要“子符号”的处理？主要包括以下方法：大脑模拟，符号处理，子符号法，统计学法，集成方法。

通过对机器视、听、触、感觉及思维方式的模拟：指纹识别，人脸识别，视网膜识别，虹膜识别，掌纹识别，专家系统，智能搜索，定理证明，逻辑推理，博弈，信息感应与辨证处理。

人工智能还在研究中，但有学者认为让计算机拥有智商是件很危险的事，它可能会反抗人类。这种隐患也在多部电影中发生过，其主要的目的是允不允许机器拥有自主意识的产生与延续，如果使机器拥有自主意识，则意味着机器具有与人同等或类似的创造性，自我保护意识，情感和自发行为。

人工智能在计算机上实现时有两种不同的方式。一种是工程学法采用传统的编程技术，使系统呈现智能的效果，而不考虑所用方法是否与人或动物机体所用的方法相同。它已在一些领域内作出了成果，如文字识别、电脑下棋等。另一种是模拟法（它不仅要看效果，还要求实现方法也和人类或生物机体所用的方法相同或类似）。遗传算法和神经网络均属后一类型。遗传算法模拟人类或生物的遗传－进化机制，神经网络则是模拟人类或动物大脑中神经细胞的活动方式。为了得到相同智能效果，两种方式通常都可使用。采用前一种方法，需要人工详细规定程序逻辑。以制作游戏程序为例，如果游戏简单，还是方便的。如果游戏复杂，角色数量和活动空间增加，相应的逻辑就会很复杂（按指数式增长），人工编程就非常繁琐，容易出错。而一旦出错，就必须修改原程序，重新编译、调试，最后为用户提供一个新的版本或提供一个新补丁，非常麻烦。采用后一种方法时，编程者要为每一角色设计一个智能系统（一个模块）来进行控制，这个智能系统（模块）开始什么也不懂，就像初生婴儿那样，但它能够学习，能渐渐地适应环境，应付各种复杂情况。这种系统开始也常犯错误，但它能吸取教训，下一次运行时就可能改正，至少不会永远错下去，不用发布新版本或打补丁。利用这种方法来实现人工智能，要求编程者具有生物学的思考方法，入门难度大一点。但一旦入了门，就可得到广泛应用。由于这种方法编程时无须对角色的活动规律做详细规定，应用于复杂问题，通常会比前一种方法更省力。

人工智能的应用

1. 自动：自动驾驶，猎鹰系统等。以知识本身为处理对象，研究如何运用人工智能和软件技术，设计、构造和维护知识系统。

2. 知觉：机器感知、计算机视觉和语音识别。机器感知是指能够使用传感器所输入的资料（如照相机，麦克风等传感器）来感知世界的状态。计算机视觉能够分析影像输入。另外还有语音识别、人脸辨识和物体辨识。

3. 社交：情感计算，一个具有表情等社交能力的机器人。

未来，人工智能应用会越来越广泛和普及，机器翻译，智能控制，专家系统，机器人学，语言和图像理解，遗传编程机器人工厂，自动程序设计，航天应用，庞大的信息处理，储存与管理，执行人类无法执行的或复杂或规模庞大的任务等等。

3. 人人都可参与——专题讨论

互联网中还专门设有各种各样的专题论坛组，一些相同专业、行业或兴趣相投的人可以在网上提出专题让广大网友展开讨论。论文可长期存储在网上，供人调阅或补充。

4. 门类最全规模最大——资料检索

由于有很多人不停地向网上输入各种资料，特别是美国等许多国家的大型数据库和信息系统纷纷上网，互联网已成为目前世

▲ 利用百度网站进行资料检索

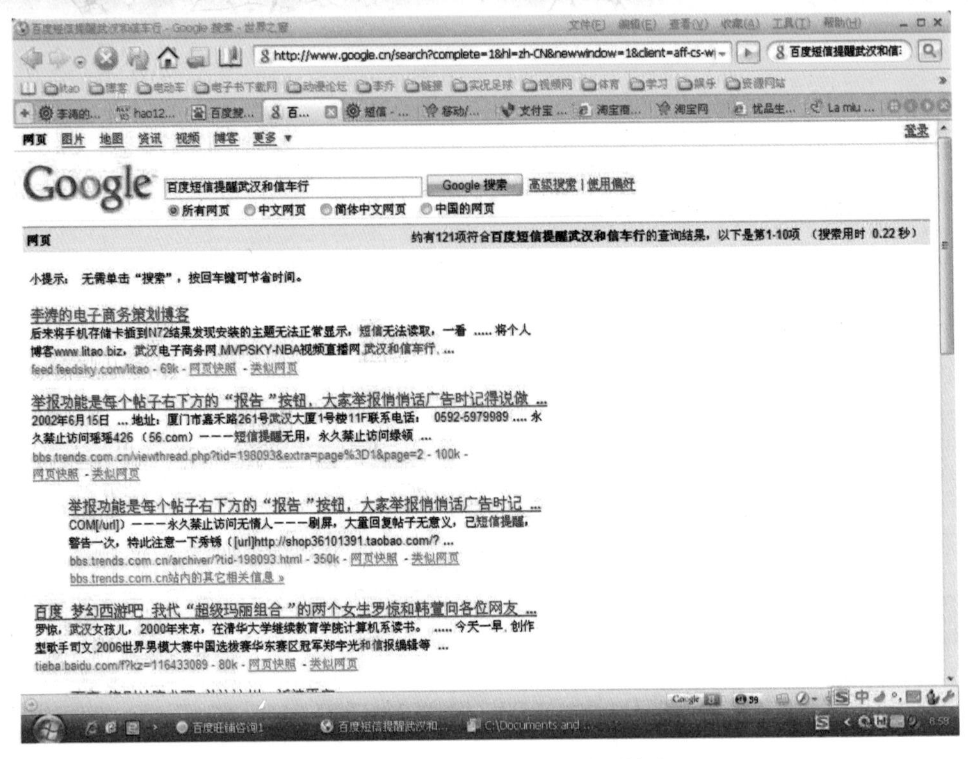

▲ 利用 Google 网站进行资料检索

界上规模最大、门类最全、资料最多的资料库，你可以自由地在网上检索所需的资料。互联网还是世界许多研究和情报机构的重要信息来源。

互联网创造的信息空间正在以爆炸性的势头迅速发展。只要坐在联网的电脑前，不管在世界什么地方，都可以浏览信息、签订巨额的项目合同、购买物品，甚至可以用来结算国际贷款，因此，它非常有利于商业人士办公。例如，企业领导可以通过互联网洞察商海风云，从而制订科学合理的企业发展计划；科研人员可以通过互联网检索众多国家的图书馆和数据库；通过互联网，医疗人员可以同世界范围内的同行们共同探讨医学难题；通过互联网，商界人员可以实时了解最新的股票行情、期货动态，使自己能够及时地抓住每一次商机，永远立于不败之地；工程人员可以通过互联网了解同行业发展的最新动态；学生也可以通过互联网开阔眼界，并且学习到更多的有益知识。

总之，互联网能使我们现有的工作、学习、生活以及思维模式发生很大的变化。无论我们生活在世界的哪个角落，互联网都能把我们和世界连在一起，即使我们坐在家里也能够和相距遥远的亲人、朋友进行交流。因此，有了互联网，世界变得没我们想象的那么大了。互联网正在悄悄地改变着我们的一切。

知识链接

“猫”

当网络刚兴起的时候，经常会听到“猫”这个字，难道猫也时髦到跟互联网有关系了吗？当然不是，“猫”是英文“Modem”的中文译音，并不是实体动物猫。那么，“Modem”是什么呢？“Modem”就是我们常说的调制解调器，是“Modulator/Demodulator（调制器/解调器）”的英文缩写。

我们知道，计算机内的信息是由“0”和“1”组成的数字信号，而在电话线上传递的却只能是模拟电信号，因此，当两台计算机要通过电话线进行数据传输时（比如我们拨号上网），就需要一个负责数字信号与模拟信号转换的设备，这个设备就是数模转换器“Modem”。发送数据过程称为“调制”，计算机先由“Modem”把数字信号转换为相应的模拟信号。经过调制的模拟信号通过电话载波传送到另一台计算机之前，要经过“解调”，由接收方的“Modem”负责把模拟信号还原为计算机能识别的数字信号。通过这样一个数模转换过程，运用家中方便的电话线路就可以实现两台计算机之间的远程通信。

“Modem”实际上就是在发送端通过调制将数字信号转换为模拟信号，而在接收端通过解调再将模拟信号转换为数字信号的一种装置。

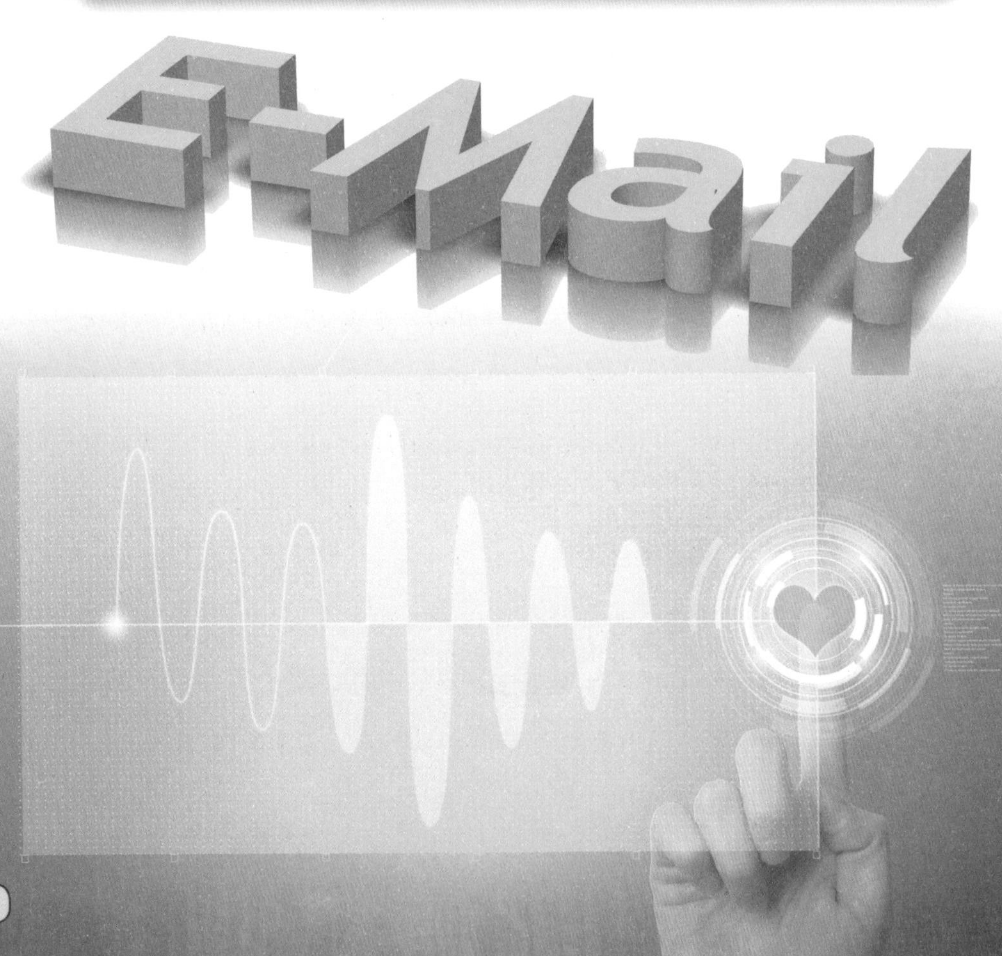

第三章

网上冲浪

第一节 上网方式

1. 因地制宜——家庭上网的几种方式

（1）有意思的 Modem

虽然现在宽带很流行，但对于很多没有开通宽带的城市郊区或小乡镇网络用户来说，Modem 就是他们上网时的首选。那么，Modem 到底是什么呢？它有什么神奇的功能？其实，Modem 是将电脑通过电话线连接到网络上的装置。一方面，它将电脑的数字信号转换为能够被电话线路传输的模拟信号；另一方面，对于接收到的模拟信号，则由它再解调为数字信号，以便电脑能够识别。另外，有一些调制解调器还具有

传真功能，可用来接收和发送传真，有些型号还具有语音功能，可以方便地实现语音信箱等功能。

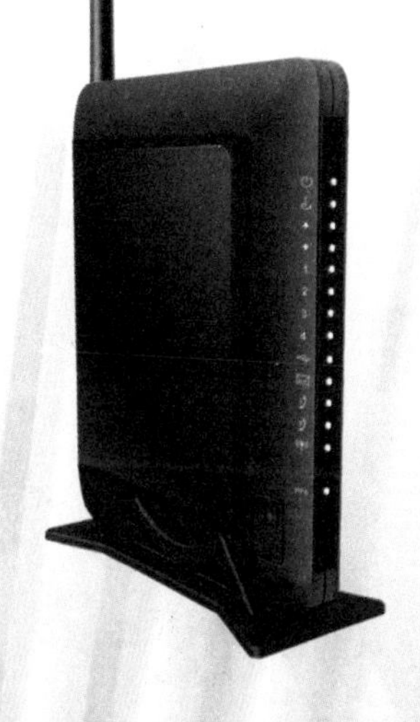

Modem 的拨号方式分为普通拨号方式和专线拨号方式。常见的普通 Modem 都是普通拨号方式。

①普通拨号方式

这种方式适用于信息流量较小的个人或企业用户。用户端设备很简单，只需普通电话线和调制解调器（Modem）即可，费用也比较低。

②专线拨号方式

专线拨号的优点是数据流量大，实时性、稳定性好，适合于信息流量大、实时性要求高的企业级或国家机关等职能部门用户。用户端需配备路由器和专线调制解调器（Modem）。

（2）ISDN 上网

在 2004 年初公布的中国互联网络统计报告中表明，截止到 2003 年 12 月 31 日，通过 ISDN 上网方式上网的用户人数达到了 552 万人。同上一次调查相比，ISDN 上网用户人数半年内增长率为 12.7%，增加了 62 万人，和 2002 年同期相比增长 27.8%。同上网用户总数快速增长的发展趋势相一致，拨号上网用户人数、专线上网用户人数、ISDN 上网用户人数和宽带上网用户人数都呈现出非常快的增长趋势。在宽带或专线没能普及的部分地区，用 ISDN 上网是用户要求速度更快一点的较好选择。

那么，ISDN 到底是什么上网方式呢？ ISDN 是英文“Integrated Services Digital Network”的缩写，是一种综合业务数字网，与 Modem 上网相比，具

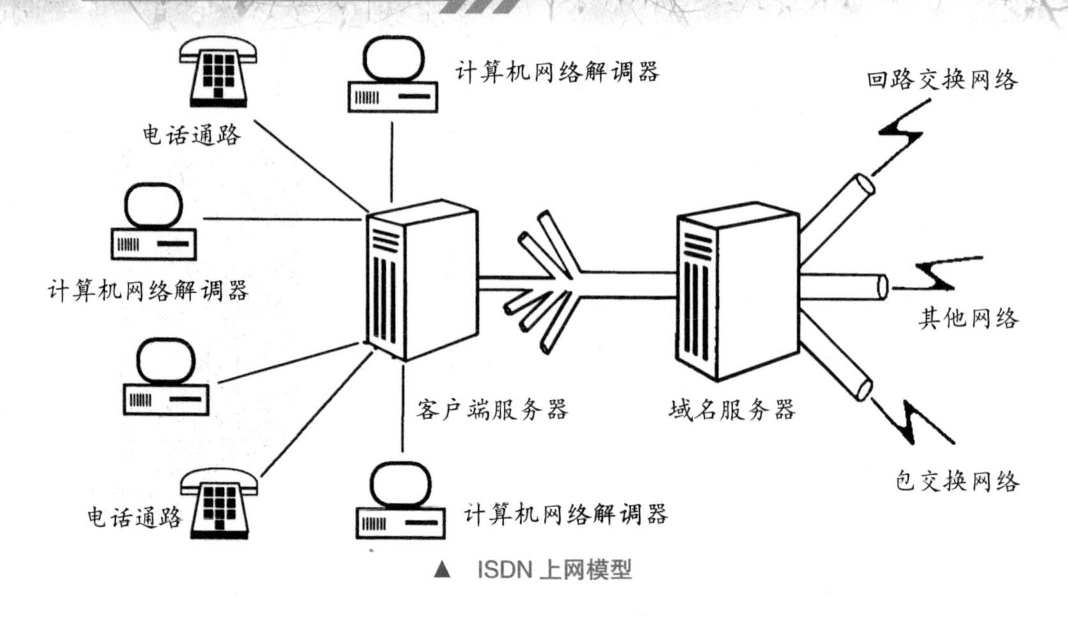

▲ ISDN 上网模型

有以下几个优点：一是 ISDN 实现了端到端的数字连接，不需要任何转换，而Modem在两个端点间传输数据时必须要经过数字信号和模拟信号的转换。二是 ISDN 可实现双向对称通信，并且最高速度可达到 64Kbps（数字信号的传输速率，又称比特率或千位每秒）或 128Kbps。而 Modem 方式上网属于不对称传输，它的下传（从网络到用户）速度为 56Kbps，而上传（从用户到网络）速度只有 33.6Kbps。三是可以实现一条普通电话线上连接的两部终端同时使用，可边上网边打电话、发传真，或者两部计算机同时上网、两部电话同时通话等。四是 ISDN 可以实现包括数据、语音、图像等综合性业务的传输，而 Modem 方式却无法实现。ISDN 在很多推广的地方都实行的是较廉价的包月制（设备由 ISP 免费租用），如果单独计费的话，ISDN 的上网费用在使用 1B 通道 64K 时费用和 Modem 相当。

（3）ADSL 上网

ADSL 其实是 DSL 的一种，ADSL 宽带上网是目前各城市城镇上网接入

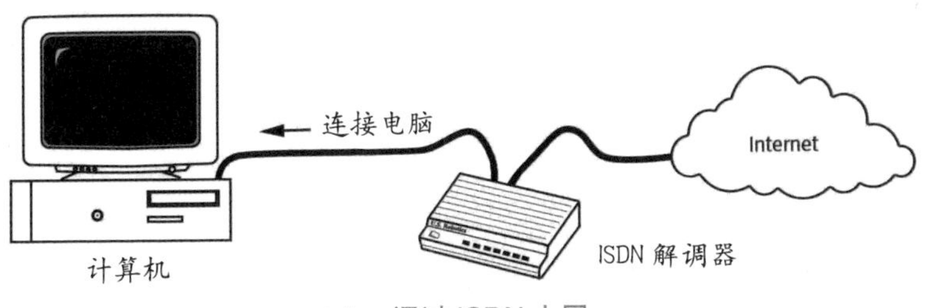

▲ 通过 ISDN 上网

的主流。大家知道，数字用户线 DSL（Digital Subscriber Line）是一种不断发展的高速上网宽带接入技术，该技术采用较先进的数字编码技术和调制解调技术，在常规的电话线上传送宽带信号。目前已经比较成熟并且投入使用的数字用户线方案有 ADSL、HDSL、SDSL 和 VDSL（ADSL 的快速版本）等，这些方案都是通过一对调制解调器来实现的，其中一个调制解调器放置在电信局，另一个调制解调器放置在用户一端。在使用 DSL 浏览互联网时，并没有经过电话交换网接入互联网，只占用公用电话交换网（PSTN）线路资源和宽带网络资源，因此不需要另外再缴纳电话费。

知识链接

3G

3G 是第三代移动通信技术，是指支持高速数据传输的蜂窝移动通信技术。3G 服务能够同时传送声音及数据信息，速率一般在几百 kbps 以上。目前主要是用在手机和笔记本电脑的互联网通信网络。

3G 手机是基于移动互联网技术的终端设备，3G 手机完全是通信业和计算机工业相融合的产物，有一个超大的彩色显示屏，大多是触摸式的。3G 手机除了能完成高质量的日常通信外，还能进行多媒体通信。用户可以在 3G 手机的触摸显示屏上直接写字、绘图，并将其传送给另一部手机，而所需时间很短。当然，也可以将这些信息传送给一台电脑，或从电脑中下载一些有用文件；用户可以用 3G 手机直接上网，查看电子邮件或浏览网页；有的 3G 手机还有照相、摄像、录音功能。

3G 通信是移动通信市场经过第一代模拟技术的移动通信业务的引入，在第二代数字移动通信市场的基础上发展起来的。目前 Internet 数据业务不断壮大，一些固定接入速率（HDSL、ADSL、VDSL）不断提升，不断满足广大网友的需求。

中国有最大的专业化 3G 手机网络服务平台。3G 通信在中国包括有企业、产品、服务和贸易功能等，用户在 3G 网络上实现 wap 网站建设、数字媒体传播、移动商务运营、无线及时沟通的集成型系统服务平台，其行业的推广理念和 3G 网络无线通信是全新的营销模式，形成了 3G 无线信息网络。它的所有功能设置和增值服务，都为使用者提供完善、便捷、高效的 3G 体验，完美体现 3G 时代的丰富内涵。

3G 标准：它们的标准分别是 WCDMA（欧洲版）、CDMA2000（美国版）和 TD-SCDMA（中国版）。

2. “座机”——小区宽带

这是大中城市目前较普及的一种宽带接入方式，网络服务商采用光纤接入到小区，再通过网线接入到用户，为整个小区提供共享带宽 [通常是

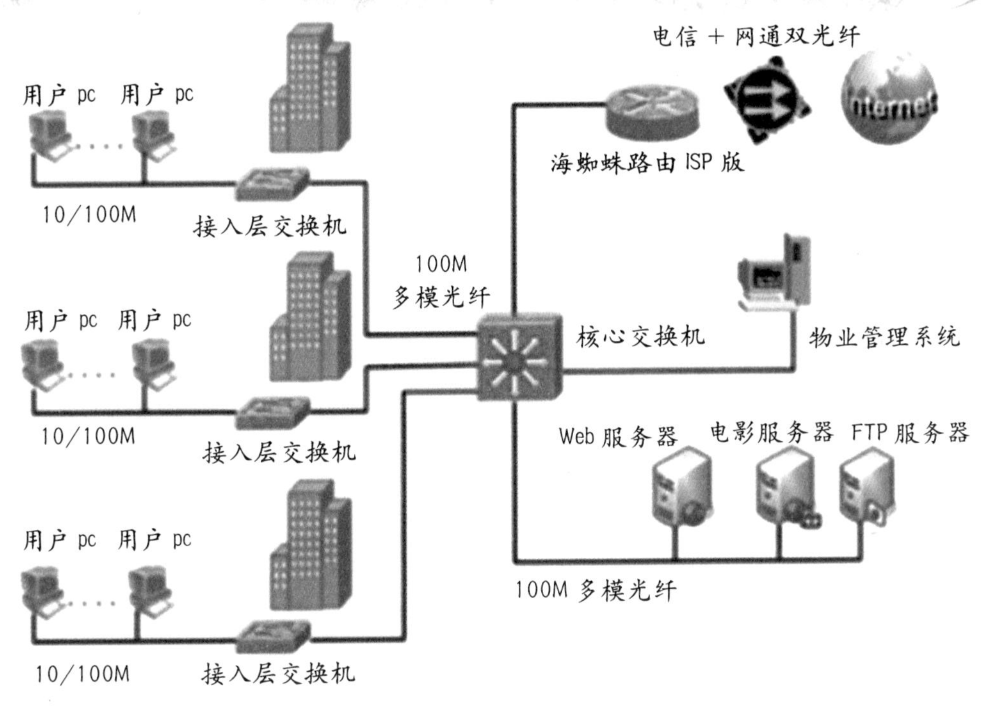

▲ 小区宽带模型

10Mb/s（每秒传输的字节数量）]。目前国内有多家公司提供此类宽带接入方式，如网通、长城宽带、联通和电信等。

（1）小区宽带的安装

这种宽带接入通常由小区出面申请安装，网络服务商不受理个人服务。用户可询问所居住小区物管或直接询问当地网络服务商是否已开通本小区宽带。这种接入方式只需要用户有一台带 10/100Mbps 自适应网卡的电脑即可，对用户设备要求最低。

（2）传输速率

目前，绝大多数小区宽带均为 10Mbps 共享带宽，这意味着如果在同一

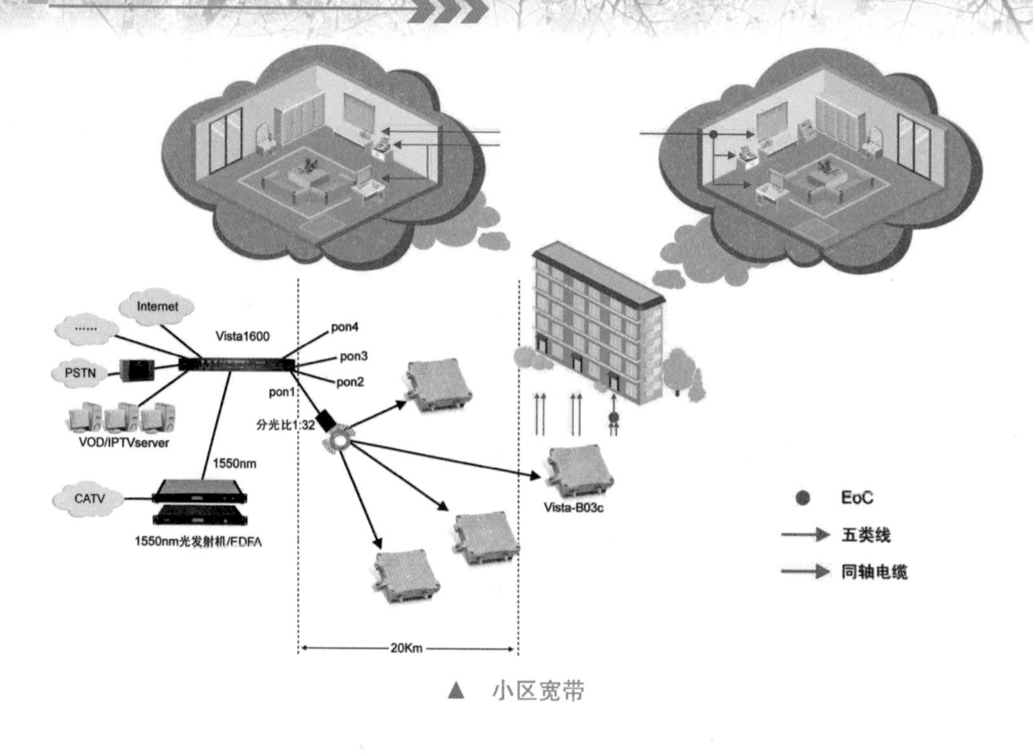

▲ 小区宽带

时间上网的用户较多，网速则较慢。即便如此，多数情况下的平均下载速度达到了几百 KB/s，远远高于电信 ADSL，在速度方面占有较大优势。

初装费用相对较低，下载速度很快，通常能达到上百 KB/s，很适合需要经常下载文件的用户，而且没有上传速度慢的限制。

由于这种宽带接入主要针对小区，因此个人用户无法自行申请，必须待小区用户达到一定数量后才能向网络服务商提出安装申请，较为不便。不过一旦该小区已开通小区宽带，那么从申请到安装所需等待的时间就非常短。此外，各小区采用哪家公司的宽带服务由网络运营商决定，用户无法自由选择。

另外，多数小区宽带采用内部 IP 地址，不便于使用公网 IP 的应用，如架设网站、FTP 服务器、玩网络游戏等。由于带宽共享，有时导致网速还不如 ADSL，因为一旦小区上网人数较多，在上网高峰时期网速会变得很慢。

知识链接

电子商务

电子商务通常是指在全球各地广泛的商业贸易活动中，在互联网发达的网络环境下，基于浏览器 / 服务器的应用方式，买卖双方不见面就可以进行各种商品的交换活动，实现消费者与商户之间的网上交易和在线电子支付以及各种商务活动、交易活动、金融活动的一种新型的商业运营模式。

电子商务常见营销方式主要有如下几种。

1. 网络媒体：门户网站广告，客户端软件广告。

2. 社区营销：BBS 推广（发帖和交流）。

3.CPS/ 代销：销售产品（成果网、创盟）。

4. 积分营销：积分兑换、积分打折、积分购买等。

5. 数字媒体：电影电视、新闻报刊浏览。

6. 网络营销：销售各类商品、服装、图书、生活用品等（如：当当网、淘宝网、卓越网、凡客等）。

电子商务的分类

按照商业活动的运行方式分类：电子商务可分为完全电子商务和非完全电子商务。

按照开展电子交易的范围分类：电子商务可分为本地电子商务、远程国内电子商务、全球电子商务。

3. 扔掉“小辫子”——无线上网

目前，随着网络的飞速发展，人们上网的方式不再局限于有线上网了，无线上网成为人们新的时尚宠儿。

（1）无线上网方式

目前所使用的无线上网方式有手机上网、无线局域网两种。

①手机上网

手机上网是无线上网的一种，国内的三大移动电话运营商——中国电信、中国移动与中国联通，目前都推出了手机上网业务。它的优点是只要手机有信号的地方，就可以上网，不用再担心会无法及时获取网络信息，可以真正地做到随时随地与世界相连。

当然手机上网也有美中不足的地方。它的缺点是速度慢，价格相对较贵，网络稳定性差。现在手机无线上网的最大速度只能达到50Kbps。比如移动基站的无线信号传输，它的传输峰值本身就是一个瓶颈，传输速度受到很大限制。无线上网运行的速度慢，并且价格也非常昂贵，使很多人望而却步。有的人体验一段时间后，失望地放弃了。目前，运营商已实行降价，以便普及无线上网，但依然价格高，用户很难接受。

②无线局域网

无线局域网是计算机网络与无线通信技术相结合的产物。通俗点说，无线局域网就是在不采用传统电缆线的同时，提供传统的有线局域网的所有功能。之所以还称它是局域网，是因为会受到无线连接设备与电脑之间距离远近的限制而影响传输范围，所以必须要在区域范围之内使用才可以连上网络。

无线局域网是有线局域网的扩展和替换，它只是在有线局域网的基础上通过无线集线器、无线访问节点、无线网桥、无线网卡等设备使无线通信得以实现。无线局域网同样也需要传送介质，这一点与有线网络一样。只是无线局域网采用的传输媒体是红外线或者无线电波，不是双绞线或者光纤。

· 红外线局域网

红外线局域网采用波长小于 1 微米的红外线作为传输媒体，有较强的方

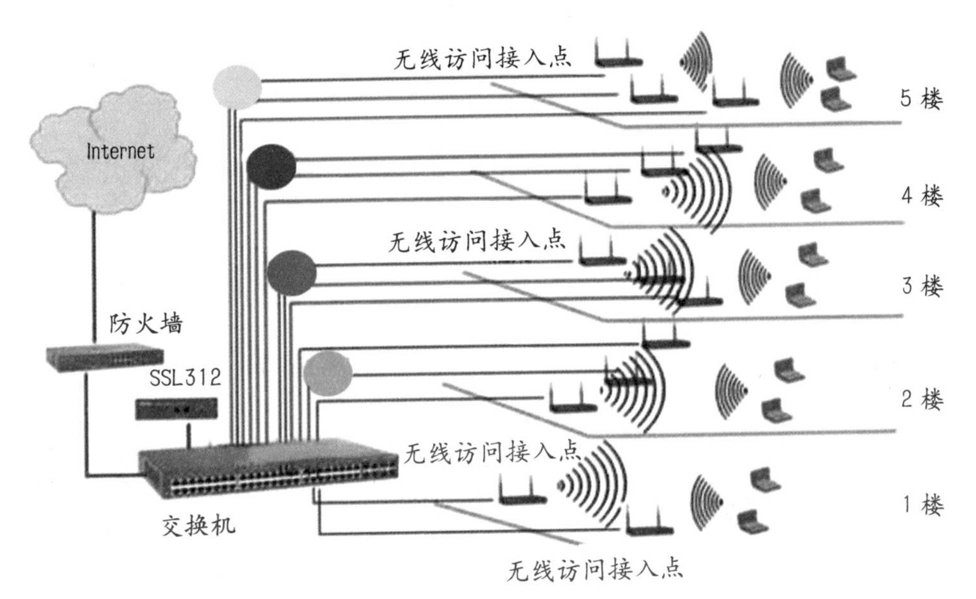

▲ 企业无线局域网平面网络结构

▲ 红外线接口

向性，由于它采用低于可见光的部分频谱作为传输介质，它的使用不受无线电管理部门的限制。红外信号要求视距（直观可见距离）传输，并且窃听困难，对邻近区域的类似系统也不会产生干扰。红外无线局域网是目前“100Mbit/s以上、性能价格比高的网络”可行的选择。

在实际应用中，由于红外线受日光、环境照明等影响较大，具有很高的背景噪声，一般要求的发射功率较高。

· 无线电波局域网

采用无线电波作为无线局域网的传输介质是目前应用最多的，这主要是因为无线电波的覆盖范围较广，应用较广泛。使用扩频方式通信时，特别是直接序列扩频调制方法因发射功率低于自然的背景噪声，具有很强的抗干扰、抗噪声、抗衰落能力。这一方面使通信非常安全，具有很高的可用性，

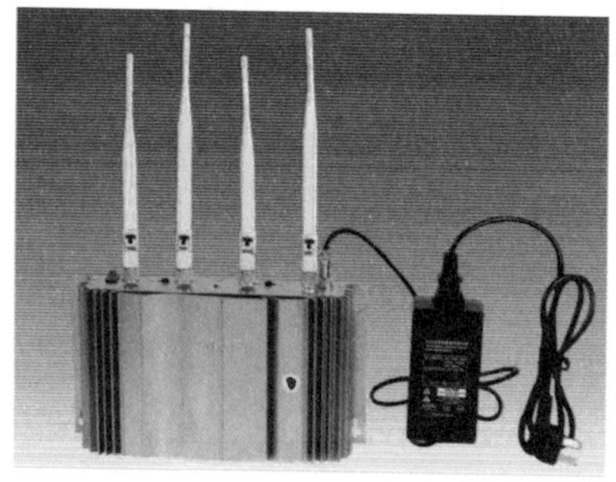

▲ 无线电波局域网

基本避免了通信信号的偷听和窃取；另一方面无线局域网使用的频段主要是S频段，S频段属于工业自由辐射频段，对人体健康没有危害，所以无线电波成为无线局域网最常用的无线传输媒体。

除了传输介质有别于传统局域网外，无线局域网技术区别于有线接入的特点之一就是标准不统一，不同的标准有不同的应用。目前比较流行的有802.11标准、蓝牙标准以及家庭网络（HomeRF）标准等。

无线局域网目前已经发展出802.11B与802.11A，它们是市场上已经销售的主要成熟产品。802.11B协议的产品传输速度是11M/秒，而基于802.11A协议的产品的传输速度接近有线局域网的速度，可以达到56M/秒。由于价格的关系，迅驰笔记本采用的技术或是市面上能购买到的无线网卡，绝大部分是802.11B协议的。

（2）无线局域网的架设

如果我们也想拥有无线局域网，那么应该怎么做呢？其实，只要购买一个无线收发器（简称AP），就能满足你架设无线局域网的要求。使用普通的网线将它连接到有线局域网上，无线收发器会把一定范围内的所有用着无线网卡的电脑接入到有线局域网的交换机上，它的网

▲ 局域网电脑

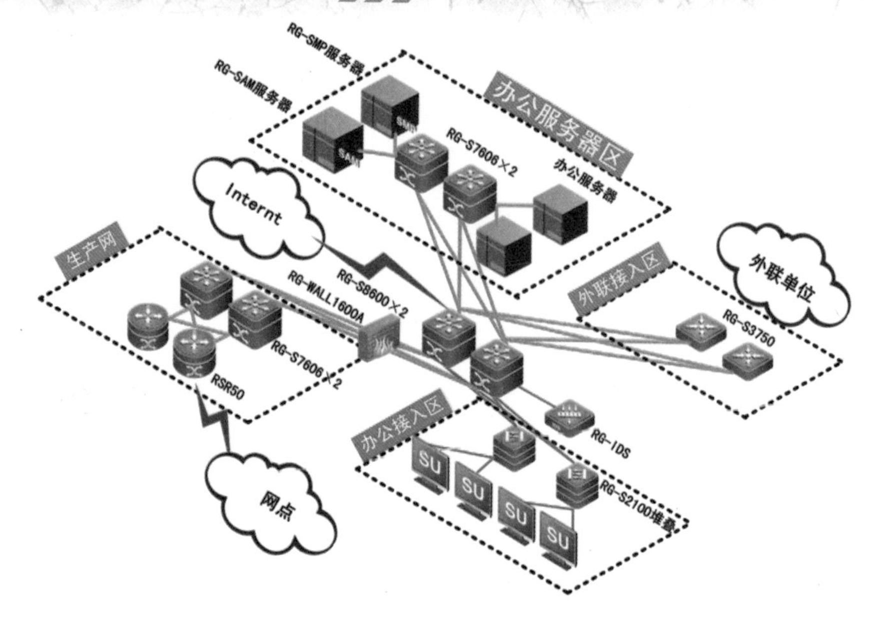

络设置方法与使用有线网络一样。唯一的区别是，你的电脑会显示你正通过某某无线设备连接到网络上（在右下角任务栏），同时你可以在信号的覆盖范围内任意上网，在一定范围内抱着笔记本任意走动。

那么，无线局域网的覆盖范围有多大呢？一个 AP 的信号覆盖范围大约在 100~300 米之间，依现场环境而定。如果没有太多的墙壁阻挡信号，环境开阔，那么超过 300 米也能接收到信号。有的型号的 AP 可以同时满足 10 到 30 名用户无线上网。

局域网的一大优势就在于它的运营成本，价格低是无线局域网能够如此快速地发展起来的主要原因。我们可以与有线网络简单对比一下成本。假设使用有线网络，在一个办公区域内让 20 个笔记本电脑用户同时上网，需要购买 24 口交换机，并且布线的成本也不低；如果公司迁址，那整套综合布线系统就报废了，还要在新的办公场所重新投资布线。但是无线局域网则不一样，只需要在办公区域布置一个 AP，通过网络线连接到机房的交换机中就可以了，根本不需要布线。在这个 AP 区域 100~300 米范围内，大家都可以快速无线上网。11M 的速度是绝大部分公司或个人都可以接受的。一个 AP 的售价也不是很高，家庭用户也可以轻松架设，并且搬迁成本基本为零，在公司或家庭迁址的时候，把 AP 用手提

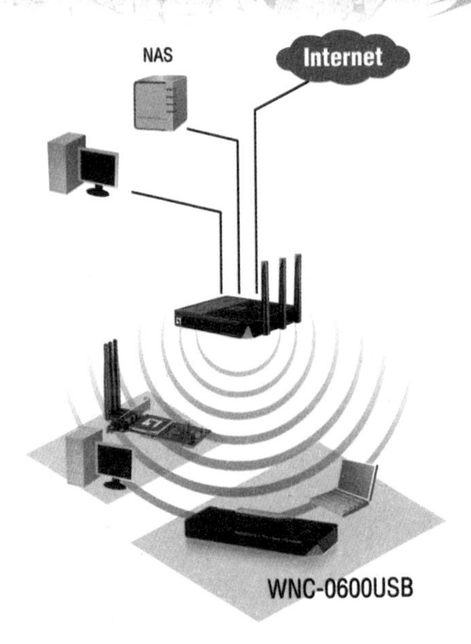

▲ 无线网络

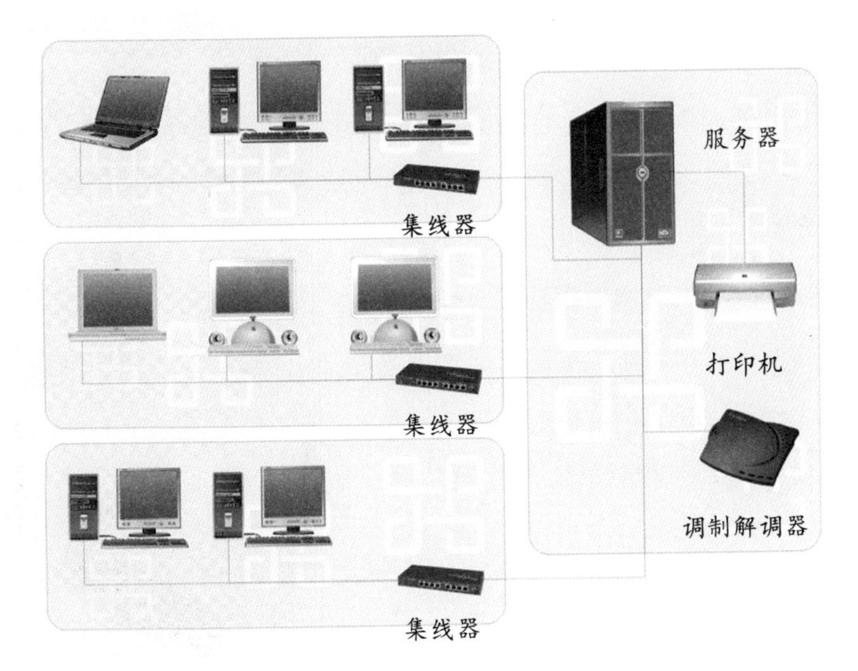

▲ 简单的局域网

着走就可以了。另外所有使用笔记本上网的用户可以在办公区域内随意走动，如果你用户多、区域大，多装几个 AP 就能解决这一问题。再者 AP 所存在的优势要比有线局域网大许多，AP 之间信号是不会相互干扰的。无线局域网的发展也说明 AP 产品拥有巨大的市场潜力，因此英特尔全力推动“迅驰”移动计算技术。使用“迅驰”移动计算技术的笔记本电脑，无须再购买无线上网卡，本身就带有无线上网的能力。

（3）随时随地畅享无线网络

随着社会的不断发展，人们对网络的需求越来越大，越来越多的人天天都在与网络打交道，这就要求无论在办公室内还是在办公室之外的环境中都能实现无线上网。目前，在大城市的商务大厦、高级写字楼以及机场、酒店、咖啡厅甚至一些快餐店内，例如，麦当劳、肯德基，都拥有了无线上网环境。在这些场所，人们可以使用手提电脑随时随地进行无线上网。现在中国电信与中国网通加入了无线 AP 接入点的铺设工作。它们发行上网卡，在一些区域大量铺设公用无线 AP 接入点，在上网的时候，你可以通过密码验证程序接入这些公用 AP。中国电信推

▲ 无线交换机

出的是“天翼通”，而中国网通则推出了“无线伴侣”业务。另外，关于全国各地可以无线上网的地方，可以在 hotspot.sina.com.cn 进行查询。随着无线网络的普及，无线上网点自然会越来越多，我们也就能够更方便地高速无线上网了。不是所有可以无线上网的地方都会有一个无线上网标志的，最佳方法是打开你的笔记本，看看网络显示是否有信号就清楚了。

▼ 无线上网卡

知识链接

局域网、城域网和广域网

凡是将地理位置不同，并具有独立功能的多个计算机系统通过通信设备和线路连接起来，并以功能完善的网络软件（网络协议、通信交换方式及网络操作系统等）实现网络资源共享的系统，可称为电脑网络。电脑网络一般分为局域网、城域网和广域网。局域网指覆盖地域直径为几百米到几千米的电脑网络，城域网指覆盖一个城市范围的电脑网络，广域网指覆盖一个国家甚至整个地球范围的电脑网络。三者也可以从组建技术的不同加以定义。用局域网技术组建的是局域网，用城域网技术组建的为城域网，同样用广域网技术组建的便是广域网。这三种技术的主要差别在于所用通信线路和通信协议有所不同。

团购网

团购网是各大经销商利用网络组织的平台，对互不认识的消费者，借助互联网的“网聚人的力量”来销售产品和服务，聚集资金，加大与商家的谈判能力，以薄利多销、量大价优的形式，商家可以给出低于零售价格的团购折扣价和单独购买得不到的新型优质服务业务。但也因价格低，商家利润小，网站运营成本高，致使许多团购网站难以维持运营。2011 年，有统计数据显示，我国已经有近 1000 家团购网站倒闭、并购、转型。

第二节 网络必备

1. 数据链路层上的信息交换者——交换机

交换机是集线器的升级换代产品，从外观上来看，它与原来的集线器基本上没有多大区别，都是带有多个端口的长方体。交换机是按照通信两端传输信息的需要，用人工或设备自动完成的方法把要传输的信息送到符合要求的相应路由上的技术统称。广义的交换机就是一种在通信系统中完成信息交换功能的设备。

物理编址、网络拓扑结构、错误校验、帧序列以及流量控制等是交换机

▲ 交换机

的主要功能。目前一些高档交换机还具备了对 VLAN（虚拟局域网）的支持、对链路会聚的支持等新的功能，甚至有的还具有路由和防火墙的功能。

交换机拥有一条很高带宽的背部总线和内部交换矩阵。交换机的所有端口都挂接在这条背部总线上。控制电路收到数据包以后，通过内部交换矩阵直接将数据包迅速传送到目的节点，这种方式我们可以明显地看出一方面数据传输安全，因为它不是对所有节点都同时发送，发送数据时其他节点很难侦听到所发送的信息；另一个方面效率高，不会浪费网络资源，只是对目的地址发送数据，一般来说不易产生网络堵塞。

2. 不同网络间的数据翻译者——路由器

路由器是用于连接多个逻辑上分开的网络的设备，所谓逻辑网络是代表一个单独的网络或者一个子网。当数据从一个子网传输到另一个子网时，可通过路由器来完成。因此，路由器具有判断网络地址和选择路径的功能，它能在多网络互联环境中，建立灵活的连接，可用完全不同的数据分组和介质访问方法连接各种子网。路由器属网络层的一种互联设备，只接收源站或其他路由器的信息。它不关心各子网使用的硬件设备，但

▲ 无线路由器

▲ 路由器

要求运行与网络层协议相一致的软件。路由器分本地路由器和远程路由器，本地路由器如光纤、同轴电缆、双绞线，是用来连接网络传输介质的；远程路由器要求有相应的设备，用来连接远程传输介质，如电话线要配调制解调器，无线需要无线接收机、发射机。

知识链接

URL

URL 通俗地讲，就是网页地址，是统一资源定位符，它是互联网上的各种资源的标准地址。

在互联网的历史上，统一资源定位符的发明是一个非常基础和必要的步骤。一般统一资源定位符的开始标志着一个计算机网络所使用的网络协议。

URL 用来指出某一项信息的所在位置及存取方式，是统一资源定位器。严格一点来说，URL 就是在万维网上指明通信协议以及定位来享用网络上各式各样的服务功能。

3. 照亮信息的"阳光"——浏览器

想快速获取信息，网络是最理想的环境。网络不仅有调整的速度，而且有丰富、全面的信息。那么，我们怎样才能看到这些信息呢？首先是打开电脑，利用专门浏览网站的浏览器。浏览器是装在电脑上的一种软件，通过它我们能方便地看到互联网上提供的远程登录、电子邮件、文件传输、网络新闻组等服务资源。

浏览器是指可以显示网页服务器或者文件系统的 HTML（超文本标示语言或超文本链接标示语言）文件内容，并让用户与这些文件交互的一种软件。网页浏览器主要通过 HTTP 协议与网页服务器交互并获取网页，这些网页由 URL 指定，文件格式通常为 HTML，并由 MIME（多用途网际邮件扩展协议）在 HTTP 协议中指明。一个网页中可以包括多个文档，每个文档都是分别从服务器获取的。除了 HTML 外，大部分的浏览器支持 JPEG、PNG、GIF 等

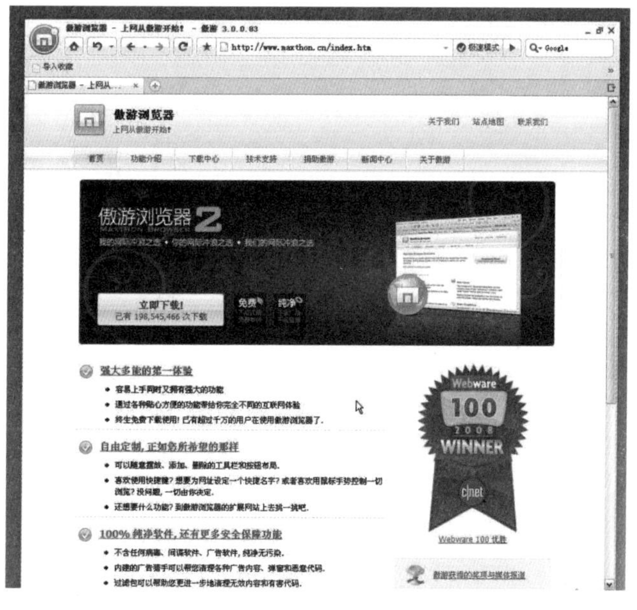

▲ 浏览器界面

众多的格式，并且能够扩展支持众多的插件。另外，许多浏览器还支持其他的 URL 类型及其相应的 FTP、Gopher、HTTPS（HTTP 协议的加密版本）等协议。HTTP 内容类型和 URL 协议规范允许网页设计者在网页中嵌入图像、动画、视频、声音等。

目前常用的几款浏览器：

（1）IE11 浏览器

Internet Explorer 11 浏览器，是 Internet Explorer 10 的下一代产品，2013 年 11 月 07 日正式面世。

新增了标签同步功能。比如 WebGL，下面了解一下 IE11 的 7 大变化。

①网站活动瓷片

IE10 允许将网站固定到 " 开始 " 屏幕中，但是相对于应用的活动瓷片，这些固定的网站磁贴显得缺少活力。在 IE11 中，网站磁贴也支持活动瓷片了。

②永久标签

大家知道，IE10 的标签是隐藏起来的，必须按右键才能显示。然而 IE11 提供了可永久固定标签和 URL 栏的模式。那些图标相对正常的点击右键视图要略小一点，因此并不会占据屏幕太多的空间。当然，你也可以随时切换回全屏模式。

③支持 WebGL

WebGL 可在浏览器内渲染 3D 图形。IE11 的 WebGL 可确保任何有问题的 WebGL 操作不会导致浏览器崩溃。

④应用与网页配合更出色

以前在网页中点击某个应用的链接 (如 Windows 8 Mail)，应用会单独启动。而在 IE11 中，应用可单独打开一个小的浏览器窗口，以锁点模式将两个应用并排到一起，便于比较，而不只是以前的"一事一议。"

⑤无限标签页

IE10 将标签页数量限制在 10 个以内，而在 IE11 中不再受限制。由于浏览器会智能进行内存分配。用户只要切换标签，备份马上就能激活。

⑥多窗口浏览

多窗口浏览似乎不是什么新功能，因为桌面版早就支持。但是现代 UI 的 IE11 则是首次支持，虽然许多用户这么做的不多。

⑦收藏夹中心

IE11 允许用户编辑个性书签，而且每个书签都可以由自己自定义的图标，这样用户很快就能找到自己需要的书签。

（2）360 浏览器

360 浏览器是互联网上的新一代浏览器，与 360 安全卫士、360 杀毒等软件等同为一个系列产品。基于 WindowsXP、Vista、Win7 系统平台。由于木马已经取代传统病毒成为目前互联网最大的隐患，许多木马用挂马网站通过普通浏览器入侵，在用户访问网站时容易中毒。360 浏览器采用恶意网址拦截技术，可自动拦截挂马、欺诈、网银仿冒等恶意网址。独创沙箱技术，在隔离模式时即使访问木马也不会感染。360 是以 IE 为内核技术的浏览器。

360 浏览器的特点：

①自动拦截钓鱼网站和恶意网站、上网安全。

②自动检测网页中恶意代码，防止木马自动下载有用文件。

③汇集全国最大的恶意网址库，逐一排查各类恶意病毒的入侵。

④木马特征库每日更新，采用“沙箱”技术，木马与病毒会被拦截在沙箱中无法释放病毒。

⑤将网页程序的执行与计算机系统完全隔离，使得网页上的任何木马病毒都不容易感染计算机系统。

⑥颠覆传统安全软件“滞后查杀”的现状，所有已知未知木马均无法穿透沙箱，确保网络安全流畅。

⑦软件体积小、功能丰富，并支持鼠标自由拖拽的功能。

⑧广告智能过滤、上网痕迹一键清除，保护密码及隐私，免干扰。

⑨内建高速下载工具，支持多点下载和断点续传。

当然，以上功能需要与360安全卫士软件配合使用效果会更好。

360浏览器的辅助功能：

①强大的浏览功能；

②性能随时优化功能；

③浏览器静音功能；

④屏幕截图功能；

⑤有效隔离功能；

⑥无痕浏览网络；

⑦优美的皮肤和插件；

⑧安全的沙箱技术。

（3）腾讯TT浏览器

腾讯TT浏览器是一款基于IE内核的多页面浏览器，具有亲切、友好的用户界面。它所提供的多种皮肤供用户根据个人喜好使用。另外，腾讯

TT 更是新增了多项人性化的特色功能，使上网冲浪变得更加省时省力、轻松自如!

腾讯 TT 浏览器的特色功能有以下几个方面。

首先，腾讯 TT 浏览器有很好的智能屏蔽功能，并且只需要使用一个键来进行操作。另外它还有记忆的功能，对于最近浏览过的网站都能一一找回。再次它具有各种各样的皮肤，可以根据自己的风格来进行自主选择。最后，它还具有同时打开多个页面的功能，对于以前浏览过的东西也可以进行清除。总之，腾讯 TT 浏览器是非常实用、方便的一款浏览器，如果你喜欢它的风格，可以通过专门的下载途径进行下载，安装后即可使用。

（4）傲游浏览器

傲游浏览器是一款基于 IE 内核的、多功能、个性化、多标签浏览器。它允许在同一窗口内打开任意多个页面，减少浏览器对系统资源的占用率，

▲　傲游浏览器

提高网上冲浪的效率。同时它又能有效防止恶意插件，阻止各种弹出式、浮动式广告，加强网上浏览的安全。傲游浏览器支持各种外挂工具及 IE 插件，使你可以充分享受上网冲浪的乐趣，利用所有的网上资源。

傲游浏览器的主要特点：多标签浏览界面；鼠标手势；超级拖拽；隐私保护；广告猎手；RSS 阅读器；IE 扩展插件支持；外部工具栏；自定义皮肤等。

其中多标签浏览是傲游浏览器最大的特点，这也是大家热衷傲游的原因。一个标签代表一个已打开的网页。在使用排列整齐的标签栏和一层层网页窗口时，你可以使网页浏览更方便，快速有效地切换网页。

（5）Opera 浏览器

Opera 浏览器是一种快速、有趣并且使用方便的网络浏览方式。Opera9 及其装载的各种工具能保证你的创造性和安全。

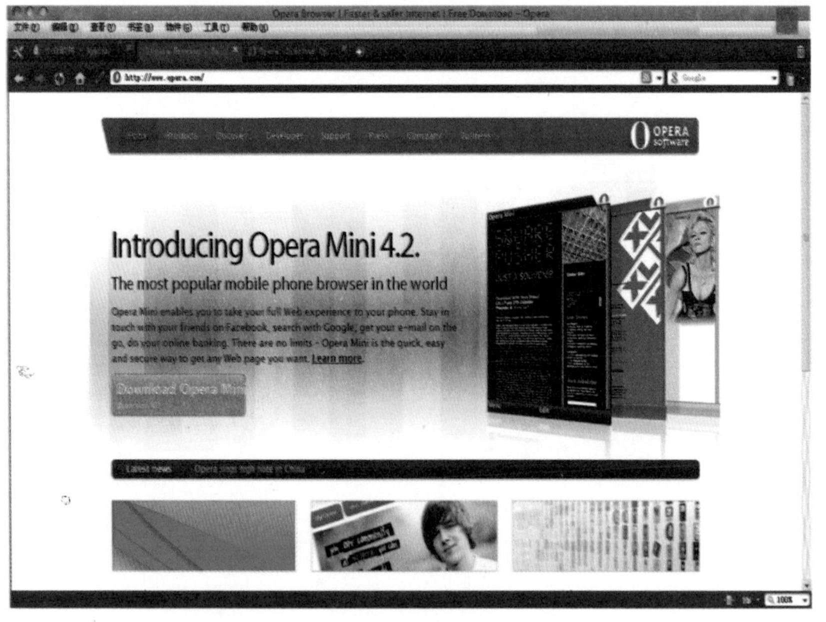

▲ Opera 浏览器

最初 Opera 是一款由挪威 Opera Software ASA 公司制作的，能支持多页面标签式浏览的网络浏览器。官方将 Opera 定义为一个网络套件，因为新版本的 Opera 增加了大量网络功能。目前官方发布的个人电脑用的最新稳定版本为 34.0。

▲ Opera 浏览器标志

Opera34.0 有众多新特性，例如欺诈保护、缩略图预览、标签式浏览、阻止弹出窗口、内置搜索、拖拽和放下、鼠标手势、W3C 标准支持等。

Opera 能够支持多种操作系统，如 Windows、Linux、Mac、FreeBSD、Solaris、BeOS、OS/2、QNX 等。此外，Opera 支持多语言，包括简体中文和繁体中文。它还有手机使用的版本。

随着网络多媒体技术的不断进步，网络浏览器也在不断地升级，浏览器的版本越高支持的网页效果就越多。目前，新版本的浏览器几乎每年都会出现。

知识链接

物联网

物联网是阿什顿教授最早提出来的。是基于互联网，传统电信网等信息承载体，让所有能够被独立寻址的普通物理对象实现互联互通的网络，又称为物联网域名。把所有技术与计算机、互联网技术相结合，实现物体与物体之间，环境以及状态信息实时的共享以及智能化的收集、传递、处理、执行。涉及到信息技术的应用，都可以纳入物联网的范畴。

其实物联网概念最早由比尔·盖茨1995年在《未来之路》一书中提出。在《未来之路》中，比尔·盖茨已经提及物互联，只是当时受限于互联网无线网络、硬件及传感设备的发展，并未引起人们的重视。1998年，美国麻省理工学院提出了物联网构想。

物联网作为一个新经济增长点的战略新兴产业，具有良好的市场效益，《中国物联网行业应用领域市场需求与投资预测分析报告前瞻》数据表明，2010年物联网在安防、交通、电力和物流领域的市场规模分别为600亿元、300亿元、280亿元和150亿元。2016年中国物联网产业市场规模达到3500亿元。

物联网专业是一门交叉学科，涉及计算机、通信技术、电子技术、测控技术等专业基础知识，以及管理学、软件开发等多方面知识。作为一个处于摸索阶段的新兴专业，现在全国各个高校都专门制定了物联网专业人才培养计划。

培养目标

物联网工程专业主要培养能够系统地掌握物联网的相关理论、方法和技能，具备通信技术、网络技术、传感技术等信息领域宽广的专业知识的高级技术人才。

主要开设信息与通信工程、电子科学与技术、计算机科学与技术。物联网导论、电路分析基础、信号与系统、模拟电子技术、数字电路

与逻辑设计、微机原理与接口技术、工程电磁场、通信原理、计算机网络、现代通信网、传感器原理、嵌入式系统设计、无线通信原理、无线传感器网络、近距无线传输技术、二维条码技术、数据采集与处理、物联网安全技术、物联网组网技术等专业。

物联网拥有如此庞大的市场需要也刺激了我国广大高校对物联网专业的增设。作为国家倡导的新兴战略性产业，物联网备受各界重视，并成为就业前景广阔的热门领域，该专业主要就业于与物联网相关的企业、行业，从事物联网的通信架构、网络协议和标准、信息安全等的设计、开发、管理与维护，就业口径广，需求量十分大。

应用：智能家居

目前 4G 物联网智能家居才刚刚兴起，物联网 1.0 时代的核心将会是“技术”，我国绝大部分传统厂商比较缺乏的是软硬结合的开发实力，物联网 2.0 时代的核心会转移到“服务”上，比如：

1. 电商、音乐、社交方面的互联网服务；

2. 数据运营中心，提供数据存储、筛选、人工智能等服务；

3. 智慧控制系统，包括 AI、AR、VR、语音识别、手势交互等；

4. 互联网系统安全，提供通讯、数据存储安全保障；

5. 视频云，提供大数据海量的图像、图片以及图像识别服务；

4. 信息服务公司——网站

网站是指在因特网上，根据一定的规则，使用 HTML 等工具制作的用于展示特定内容的相关网页的集合。简单地说，网站是一种通信工具，就像现实生活中的布告栏一样，人们可以通过网站来提供相关的网络服务，或者利用网站来发布自己想要公开的信息。网站的访问是通过网络浏览器来实现的，进入专门的网站后就可以获取自己需要的信息或者享受网络服务。

许多公司都拥有自己的网站，他们利用网站来发布产品信息、进行宣传、招聘等。利用便捷的网络来为公司的发展打造一个新的平台，使更多的人可以了解公司的信息，从而提高知名度。随着网页制作技术的流行，个人网页制作也开始流行起来，制作者通常通过网站来自我介绍、展现个性。也有以

▲ 国外网站

提供网络信息为盈利手段的网络公司，通常这些公司的网站提供人们生活各个方面的信息如经济、时事新闻、旅游、娱乐等。另外，网站有免费和收费的两种，收费网站一般是具有学术性的网站。

在互联网的早期，网站还只能保存单纯的文本。经过几年的发展，当万维网出现之后，图像、声音、动画、视频，甚至3D技术开始在因特网上流行起来，网站也慢慢地发展成我们现在看到的图文并茂的样子。用户也可以通过动态网页技术，与其他用户或者网站管理者进行交流。也有一些网站例如网易的163、126等，是专门提供电子邮件服务的。

网站建设6部曲

互联网上网站众多，种类也繁多，搜索网站、商业网站、政府网站、个人网站等，各种各样。如果能拥有一个属于自己的网站，能够及时发布和更新属于自己的或跟自己业务相关的信息，应该是一项很不错的宣传方式，但是如何来制作一个属于自己的网站呢？网站制作早已不再像传说中那么神秘，不再是一个遥不可及的梦。制作一个网站的花费也并不高，普通用户也可以轻松地建立出相对专业

▲ 网站页面

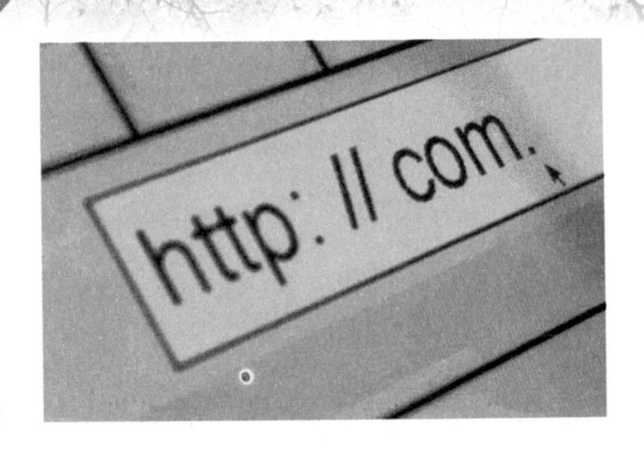

的网站。那么，个人网站到底应该如何制作呢？它有哪些流程与注意事项呢？

①域名

要想建立一个属于自己的网站，要想让别人可以访问到自己的网站，首先要有一个属于自己的域名。那么，什么是域名呢？域名就是自己的网站的地址。选择域名时要选择尽可能短、方便记忆的域名。由于注册网站的用户越来越多，有特征的、好记的域名已经不多了，这需要你自己花费一些时间进行考虑，来选择一个比较特别的域名。你可以充分发挥想象，在便于记忆的范围内可以任意选择。

②网站程序

建立个人网站的第二步是网站程序。网站程序最好是选择现有的，因为个人没有必要去从头开始编制一个网站程序，大多数情况下也没有那个必要。现在网上一般都有现成的网站管理系统，像耐思尼克虚拟主机赠送的自助建站系统就是一款非常适合个人企业建站的工具。当然，这类系统还有很多，可以在自己综合试用的基础上进行自由选择。如果你需要建设的是网店、论坛、博客等，也可以直接选用他们的网店主机、论

▲ 网站程序

坛主机或博客主机，他们会帮你把程序安装好。

③网络空间

要建设一个网站，必须要有一个空间，这是用于存放网站使用的。对于个人用户，建议购买虚拟主机。在购买虚拟主机时要看它的服务、速度、响应时间等。一般选择有一定名气的服务商即可。很多公司及制作网站的用户，往往对网站空间的性能有一定的要求，而虚拟主机方式，尽管价格较低，但往往无法满足对性能有较高要求的客户。

④网站设计

选择好了网站程序后，可以根据自己的需要进行网站设计。一般来说，最好选择有专业水平的美工和程序员进行修改。个人建设网站可以放宽松一些，可以不具备这种条件。不过，你可以尝试着找一家网站设计公司，让他们根据你对网站的期望、功能、特点等方面进行建设，这样可以使你的网站更有个性。

▲ 网站设计模板

⑤网站更新

网站更新是在网站的框架建设完毕之后，需要填充各版块中的内容，并及时发布新的

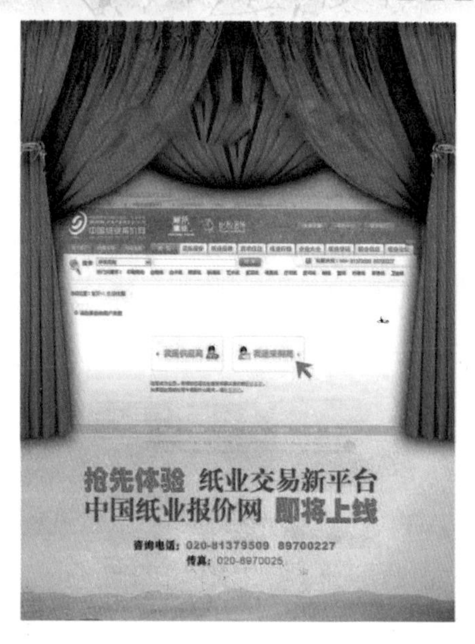

▲ 网站宣传广告

信息，更换陈旧的信息。更新是一件比较麻烦的事，在具体的实施过程中需要注意以下几个方面：

· 以质取胜，就是靠内容的质量取胜。

· 以时取胜，就是尽量追究时效，对内容尽早地发布。

· 以新取胜，就是以一定的原创内容取胜。

总而言之，时时更新自己的网站，使自己的网站始终处于动态之中，增加了网站的活力，同时也便于搜索引擎抓取你的网页，来提高你网站的浏览量。

⑥网站推广

有了好的内容就不必过于担心网站访问量，毕竟口碑的力量还是很大的。当然这并不是说我们就不需要推广，毕竟酒香还怕巷子深。像登录搜索引擎、同类网站相互链接、相互宣传等都是行之有效的方法。网站推广需要花时间和精力来实现，是一项任重而道远的工作。

知识链接

新浪网

新浪网是一家中国的主要门户网站，它的创始人是王志东。新浪是由四通利方和华渊资讯网合并而成，当时华渊旗下的网站叫 www.sinanet.com。在拉丁语系中，Sino 是“中国”之意，而在古印度语中，China 也是“中国”的意思，Sino 与英语 China 合并成 sina，意思是“中国”。

新浪（SINA）是一家服务于中国及全球华人的在线媒体和增值资讯服务提供商。新浪拥有多家地区性网站，以服务中国大陆与海外华人为己任，主要提供网络新闻服务、移动增值服务、Web2.0 服务及游戏、搜索及企业服务以及网上购物服务，另外还提供包括地区性门户网站、搜索引擎及目录索引、免费及收费邮箱、博客、兴趣分类与社区建设型频道、影音流媒体、分类信息、收费服务、电子商务和企业电子解决方案等在内的一系列服务。

新浪在全球范围内注册用户超过 2.3 亿，日浏览量 7 亿次以上，是中国大陆及全球华人中最受欢迎的互联网品牌。

第三节　时时精彩——网上冲浪

随着互联网技术的不断发展完善，越来越多的人成了互联网的忠实使用者，他们的生活离不开互联网的存在。不知不觉中，它已经改变了人们的生

▲ 利用网络下载文件

活方式。网上冲浪已经成为人们日常生活的一部分，我们每天都要在互联网上工作、学习、娱乐、沟通、了解信息等。它在人们生活中的影响越来越大，如果突然有一天人类没有了互联网，人们的生活会是什么样子？我们很难想象。

1. 搜你所需——网络搜索

（1）搜索引擎

如果你需要在附近购买面包，可又不知道最好的面包店在什么地方，此时你可以打开搜索引擎。无论是哪一种搜索引擎的主页里都有一个文字输入框，你可以输入“××× 附近的面包店”（××× 为你的所在地），然后点击“搜索”按钮，你就可以检索到符合要求的面包店。不过你搜索的前提是这家面包店在网上发布信息，然后在搜索结果类目中选择你觉得合适的，点击它你就可以进入新的网页，查看它的相关信息，非常便捷。

搜索引擎其实也是一个网站，只不过该网站专门为你提供信息“检索”服务，它使用特有的程序，把因特网上的所有信息归类，以帮助人们在浩如

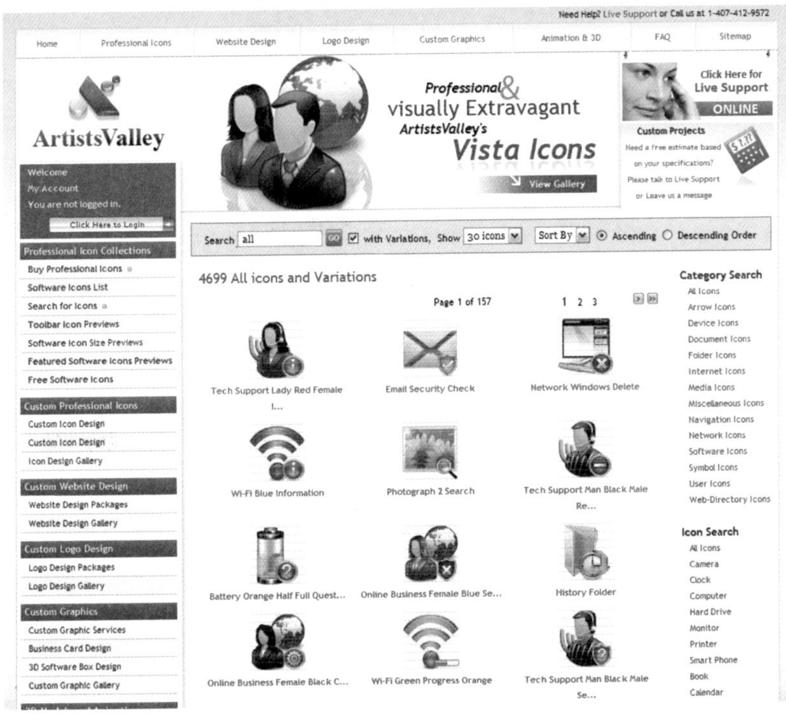

▲ 搜索引擎

烟海的信息海洋中搜寻到自己所需要的信息。

搜索引擎技术的提高是在互联网快速发展的背景下实现的。早期的搜索引擎是把互联网中的资源服务器的地址收集起来，根据它提供的资源的不同类型分成不同的目录，再一层层地进行分类。人们必须按照提供的分类一层层进入，最后才能到达目的地，获取自己需要的有用的信息。这其实是最原始的方式，只适用于互联网信息并不多的时候。随着互联网信息量飞快地增长，开始出现真正意义上的搜索引擎，这些搜索引擎与很多网站都是链接在一起的，在搜索引擎的主页上有各类图标，只要轻轻一点这些图标中的一个，就能进入任何超级链接的网站中。这些功能是搜索引擎最基本的，随着互联网的发展，肯定还会有更多更新的功能出现。

(2) 雅虎搜索

目前，雅虎在我们的生活中占据着重要地位，有许多网民在使用雅虎邮箱，它在网络中的地位也十分重要。另外，雅虎的搜索引擎功能也十分强大，它促使搜索引擎的发展进入黄金时代。与之前的雅虎相比性能更加优越，时下的搜索引擎已经变得更加综合、完备，不仅仅局限于单纯的搜索网页的信息了。雅虎是搜索引擎权威，是 1995 年 3 月由美籍华裔杨致远等人创办的。从开始到现在，他们从一个单一的搜索引擎发展到现在的样子，充分

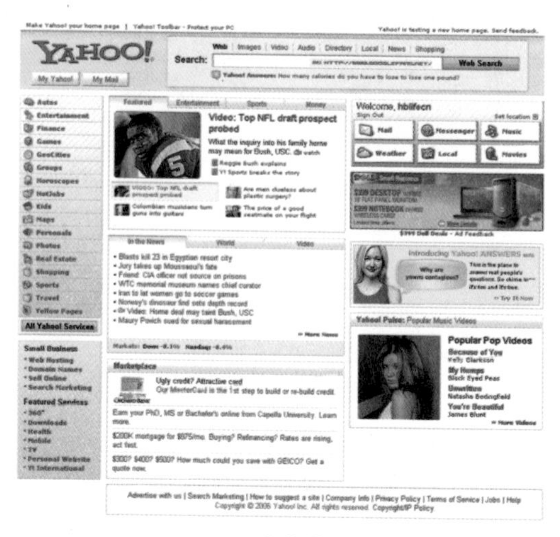

▲ 雅虎首页

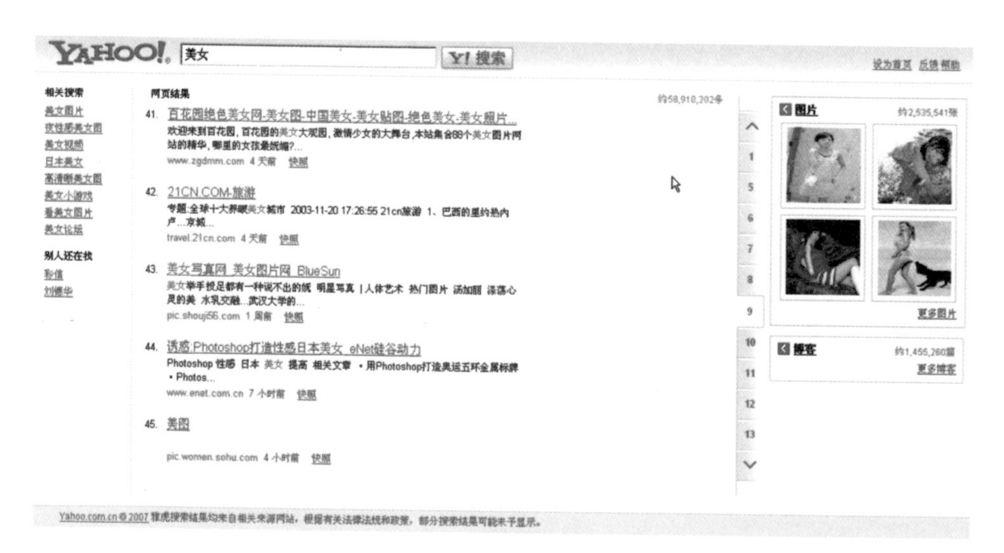

▲ 雅虎搜索

体现了搜索引擎从单一到综合的发展过程。现在，雅虎搜索引擎提供电子商务、新闻信息服务、个人免费电子信箱服务等多种网络服务。

（3）谷歌搜索

如果说雅虎使搜索引擎走入黄金时代，那么，谷歌就是搜索引擎的鼎盛时期。现在，你可以使用多种语言访问谷歌主页，在谷歌里，你可以查找信息、查看新闻标题、搜索超过 10 亿幅的图片，并能够细读全球最大的 Usenet（新闻讨论组）消息存档。你可以在谷歌帖吧里找到时间在 1981 年发生的事情，谷歌提供的帖子已经超过了 10 亿个。

谷歌的使命是整合全球范围的信息，使人人皆可访问并从中受益。完成该使命的第一步就是谷歌的创始人 Larry Page 和 Sergey Brin 共同开发的全新

▲ 谷歌（Google）搜索

的在线搜索引擎。该技术诞生于斯坦福大学的一个学生宿舍里，然后迅速传播到全球的信息搜索者。谷歌提供了简单易用的免费服务，用户可以在瞬间返回相关的搜索结果，目前它被公认为全球最大的搜索引擎。

（4）百度搜索

或许在所有的搜索引擎中，使用最多、最广泛的就数百度了吧！因为平时，每当遇到问题就会到百度中去搜，因此，在现在生活中流传着“有问题到百度”的说法。百度搜索引擎是目前世界上最大的中文搜索引擎，它所储备的信息总量已经超过了 3 亿页，据说目前信息量还在保持快速地增长。那么，它都具有哪些特点呢？百度搜索引擎具有高查全率、高准确性、更新快以及服务稳定的特点，深受国内网民的喜爱，能够帮助广大网民在浩如烟海的互联网信息中快速地找到自己需要的信息。

▲ 百度搜索

（5）搜狗搜索

搜狗是搜狐公司于2004年8月3日推出的全球首个第三代互动式中文搜索引擎，是一款完全自主技术开发的，具有独立域名的专业搜索网站。它是以一种人工智能的新算法，能够分析和理解用户可能的查询意图，给予多个主题的“搜索提示”。也就是说当你在搜狗中输入一个关键词后，搜狗会提供与此相近的许多信息。当用户搜索冲浪时，在用户查询和搜索引擎返回结果的人机交互过程中，搜狗能够给予用户未曾意识到的主题提示，引导用户更快速准确地定位自己所关注的内容，帮助用户快速找到相关的搜索结果。

2004年8月3日，搜狐正式推出全新独立域名专业搜索网站“搜狗”，成为全球首家第三代中文互动式搜索引擎服务提供商。它主要提供全球网

▲ 搜狗搜索

页、新闻、商品、分类网站等搜索服务。

到目前为止，互联网上的搜索网站除了雅虎搜索、谷歌搜索、百度搜索、搜狗搜索之外，还有微软 Live 搜索、爱问搜索、TOM 搜索等，它们都是致力于网页搜索领域的门户网站。当然，随着网络的不断发展，还会有更多、功能更强的搜索网站出现。

2. 绚丽的视听花园——流媒体

所谓流媒体是指采用流式传输的方式在互联网上播放的媒体格式，如音频、视频或多媒体文件等都属于流媒体。流媒体在播放前并不下载整个文件，只将开始部分内容存入内存，在计算机中对数据包进行缓存并使媒体数据正确地输出。流媒体的数据流只是在开始时有些延迟，它可以随时传送随时播放。

我们在享受互联网视听乐趣背后的关键技术就是流式传输，流式传输将整个音频和视频及三维媒体等多媒体文件经过特定的压缩方式，解析成一个个压缩包，再通过视频服务器向用户计算机进行顺序或实时传送。在采用流式传输方式的系统中，用户只需经过几秒或几十秒的启动延时即可，不必像原来的下载方式那样，等到整个文件全部下载完毕后欣赏。此时多媒体文件的剩余部分将在后台的服务器内继续下载，这里正好形成一个时间

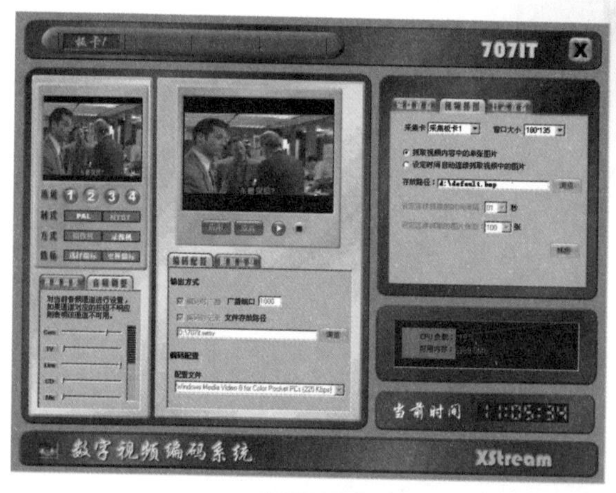

▲ 流媒体播放器

差，上传速度快于多媒体浏览速度，我们便可以流畅地在线观看或收听。这种对多媒体文件边下载边播放的流式传输方式与单纯的下载方式相比，不仅使启动延时大幅度地缩短，而且大大降低了对系统缓存容量的需求，极大地减少了用户用在等待的时间。

这个过程的一系列相关的包称为“流”。流媒体不是一种新的媒体，实际上指一种新的媒体传送方式。流媒体技术全面应用后，人们在网上聊天可直接输入语音。如果想彼此看见对方的容貌、表情，只要双方各有一个摄像头就可以了。在网上看到感兴趣的商品后进行点击，讲解员和商品的影像就会马上出现。另外，更有真实感的影像新闻也会出现。

流媒体可以边下载边播放，与平面媒体不同。流媒体最大的特点在于互动性，这也是互联网最具吸引力的地方。流媒体技术起源于美国，现在一些公司的产品发布和销售人员培训都用网络视频进行，它是美国目前最流行的一种网上娱乐方式。

知识链接

Facebook

Facebook 是由美国人马克·扎克伯格创立，于 2004 年 2 月 4 日上线的一个社交网络服务网站。从 2006 年 9 月到 2007 年 9 月间，该网站在美国所有网站中的排名由第 60 名飙升至第 7 名。同时 Facebook 是美国排名第一的照片分享网站，每天平均上传 850 万张照片。随着用户数量增加，Facebook 的目标已经扩展到另外一个领域：互联网搜索。

2012年2月1日，Facebook已经正式向美国证券交易委员会提出首次公开发行（IPO）申请，目标融资规模达50亿美元，并任命摩根士丹利、高盛和摩根大通为主要承销商。如果申请成功，它将是硅谷时代有史以来全球规模最大的IPO（IPO是首次公开募股）。

网站的名字Facebook来自传统的纸质“花名册”。通常美国的大学和预科学校把这种印有学校社区所有成员的“花名册”发放给新来的学生和教职员工，帮助大家认识学校的其他成员。

Facebook的总部在美国旧金山的加利福尼亚。目前有350名雇员。创始人马克·扎克伯格是哈佛大学的学生。刚开始网站的注册仅限于哈佛学院的学生，两个月后，注册的人员扩展到其他高校，第二年，很多其他学校也被加入进来。最终，在全球范围内有一个大学后缀的电子邮箱，如.edu，.ac，.uk等都可以注册。现在，在Facebook中也可以建立起高中和公司的社会化网络服务平台。2010年世界品牌500强：Facebook已经超过微软在互联网领域位居世界第一。

（1）声情并茂——网络视频

网络视频格式：

· MPEG

MPEG是Motion Picture Experts Group的缩写，意为动态影像压缩标准。这类格式包括了MPEG—1、MPEG—2和MPEG—4在内的多种视频格式，其中接触得最早的是MPEG—1格式，它被广泛地应用在VCD的制作和一些视频片段下载的网络应用上面。大部分的VCD都是用MPEG—1格式压缩的，使用 MPEG—1 格式进行的压缩，可以把一部两小时长的电影压缩到 1.2GB 左右。MPEG—2 应用在 DVD 的制作中，以及应用在一些 HDTV 和一些高要求视频编辑、处理上面。使用 MPEG—2 的压缩算法压缩一部 120 分钟长的电影可以压缩到 5~8GB 的大小。对于 MPEG—2 的图像质量，MPEG—1 是无法比拟的。

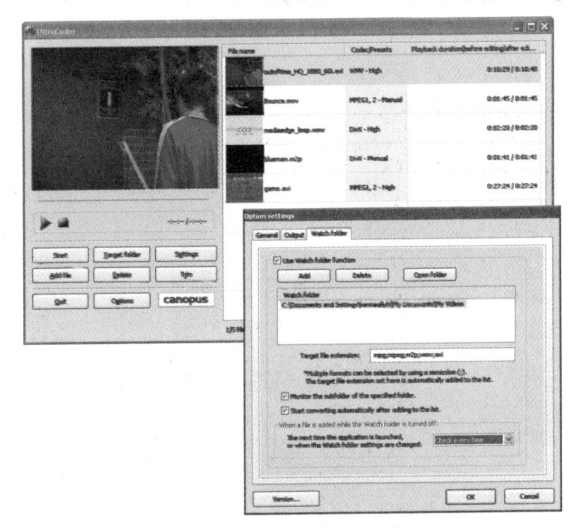

▲ MPEG 格式的视频文件

· AVI

AVI 是 Audio Video Interleave 的英文缩写，意为音频视频交叉存取格式。它于 1992 年初由微软公司推出，主要使用在 AVI（音频视频交错格式）文件中，运动图像和伴音数据是以交织的方式存储，并独立于硬件设备。这种按交替方式组织音频和视

▲ AVI 格式的视频文件

▲ 视频网站——酷 6

频数据的方式，可使读取视频数据时能更有效地从存储媒介得到连续的信息。微软全系列的软件包括编程工具 VB（一种视频编辑语言）、VC（一种视频编辑语言）都对 AVI 格式提供了最直接的支持，因此更加奠定了 AVI 在个人电脑上的视频霸主地位。另外，AVI 本身具有开放性，获得了众多编码技术研发商的支持，AVI 由于不同的编码而不断被完善，现在几乎所有运行在个人电脑上的通用视频编辑系统，都是以支持 AVI 为主的。

AVI 格式调用方便、图像质量好，缺点是文件体积过于庞大。

· RM

RM 是视频播放的一种格式，是由 Real Network 公司所制定的音频视频压缩规范，全称是 Real Media。它可以根据不同的网络传输速率制定出不同的压缩比率，从而实现在低速率的网络上进行影像数据实时传送和播放。

RM 格式一开始就定位在视频流应用方面，用户使用 Real Player 或 Real One Player 播放器可以在不下载音频、视频内容的条件下实现在线播放，它

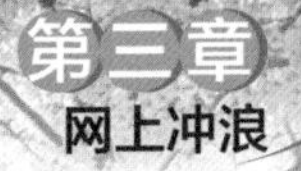

可以在用56KModem拨号上网的条件下实现不间断地视频播放，也可以说是视频流技术的始创者。当然，和MPEG-2、DivX等相比，它的图像质量有一定差距，因为要实现在网上传输不间断的视频是需要很大带宽的。

RM格式是Real公司对多媒体世界的一大贡献，也是对于在线影视推广的贡献，它的诞生也使流文件为更多人所知。这类文件先从服务器上下载一部分视频文件，形成视频流缓冲区后实时播放，同时继续下载，为接下来的播放做好准备，可以实现即时播放。它可以在用56KModem拨号上网的条件下实现不间断地视频播放。这种“边传边播”的方法避免了用户必须等待整个文件从互联网上全部下载完毕才能观看的缺点，因而特别适合在线观看影视。RM同样具有小体积、比较清晰的特点，主要用于在低速率的网上实时传输视频的压缩格式。RM文件的大小完全取决于制作时选择的压缩率，1个小时左右的电影可以压缩到200兆，也可以压缩到500兆。

· MOV

MOV是Quick Time（由苹果公司提供的系统及代码的压缩包，也是一

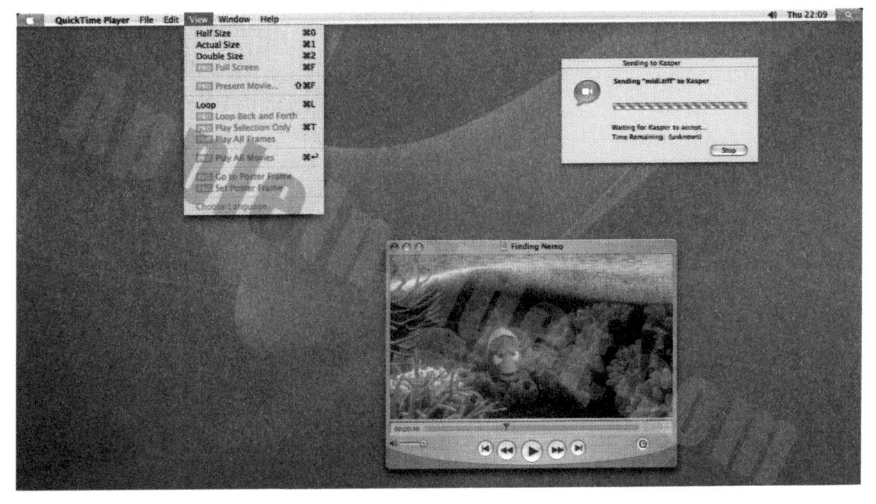

▲ MOV

个跨越平台的多媒体架构）的影片格式，它是苹果公司开发的音频、视频文件格式，用于存储常用数字媒体类型，如音频和视频。使用过苹果电脑的朋友应该多少接触过 Quick Time。Quick Time 原本是苹果公司用于苹果计算机上的一种图像视频处理软件。Quick Time 提供了两种标准图像和数字视频格式，可以支持静态的 PIC 和 JPG 图像格式、基于 Indeo 压缩法的 MOV 和基于 MPEG 压缩法的 MPG 视频格式。

· ASF

ASF 是英文 Advanced Streaming Format 的缩写，一种高级流媒体格式，是一种可以直接在网上观看视频节目的文件压缩格式。它是微软公司为 Windows98 操作系统所开发的串流多媒体文件格式。ASF 是一种包含音频、视频、图像以及控制命令脚本的数据格式，是微软公司网络流媒体技术的

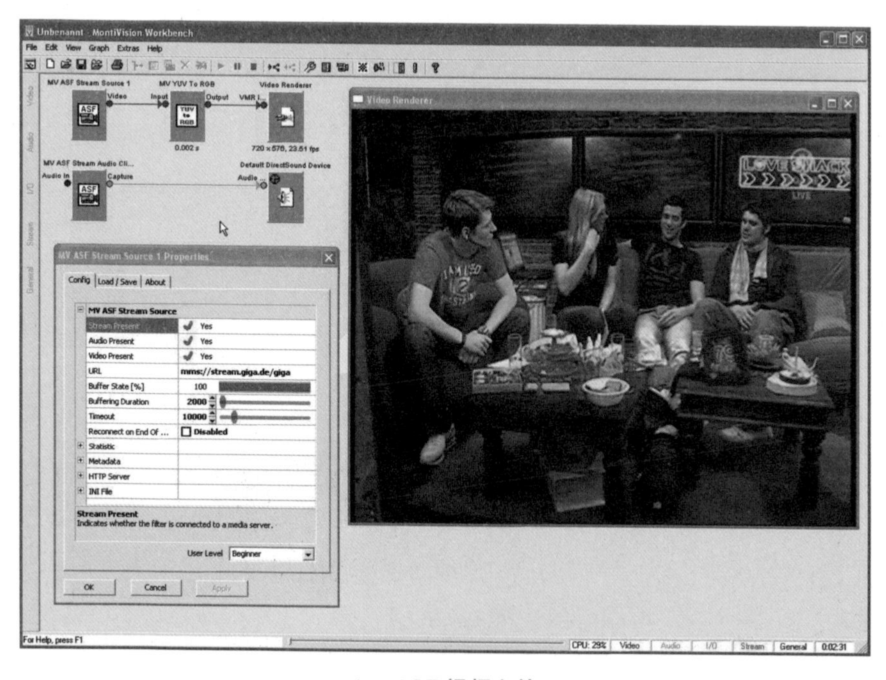

▲ ASF 视频文件

核心。

ASF 是一个开放标准，它能依靠多种协议在多种网络环境下支持数据的传送。在互联网上，ASF 既可以上传事先录制好的节目，也可以传送实时产生的节目。

· WMV

WMV 也是微软公司推出的一种流媒体格式，它是在 ASF 格式基础上升级延伸而来。在与 ASF 同等视频质量下，WMV 格式的体积更小，因此比 ASF 更适合在网上传输和播放。AVI 文件将视频和音频封装在一个文件里，并且允许音频同步于视频播放。AVI 文件与 DVD 视频格式类似，支持多视频流和音频流。

▲ WMV 视频文件

· DivX

这是由 MPEG—4 衍生出的另一种视频编码（压缩）标准，也就是通常所说的 DVDrip 格式。它在采用了 MPEG—4 的压缩算法的同时又综合了 MPEG—4 与 MP3 各方面的技术，也就是说它使用 DivX 压缩技术对 DVD 盘片的视频图像进行高质量压缩，同时用 MP3 或 AC3 对音频进行压缩，然后再将视频与音频合成并加上相应的外挂字幕文件而形成的视频格式。这种编码对机器的要求也不高，所以 DivX 视频编码技术号称“DVD 杀手”或“DVD 终结者”，可以说是一种对 DVD 造成威胁最大的新生视频压缩格式。

· RMVB

这是一种由 RM 视频格式升级延伸出的新视频格式，它的先进之处在于 RMVB 视频格式打破了原先 RM 格式那种平均压缩采样的方式。在保证平均压缩比的基础上合理利用比特率资源，也就是说静止和动作场面少的画面场景采用较低的编码速率，这样可以留出更多的带宽空间，而这些带宽会在出现快速运动的画面场景时被利用。这样，图像质量和文件大小之间可以达到一个微妙的平衡，RMVB 在保证了静止画面质量的前提下，大幅地提高了运动图像的画面质量。另外，一部大小为 700MB 左右的 DVD 影片，如果将它转录成同样视听品质的 RMVB 格式，容量最多也就 400MB，因此，相对于 DVDrip 格式，RMVB 视频也是有着较明显的优势。不仅如此，这种视频格式还具有内置字幕和无须外挂插件支持等独特优点。要想播放这种视频格式，可以使用 Real One Player 2.0 或 Real Player 8.0 加 Real Video 9.0 以上版本的解码器形式进行播放。另外现在还有其他类型播放软件。

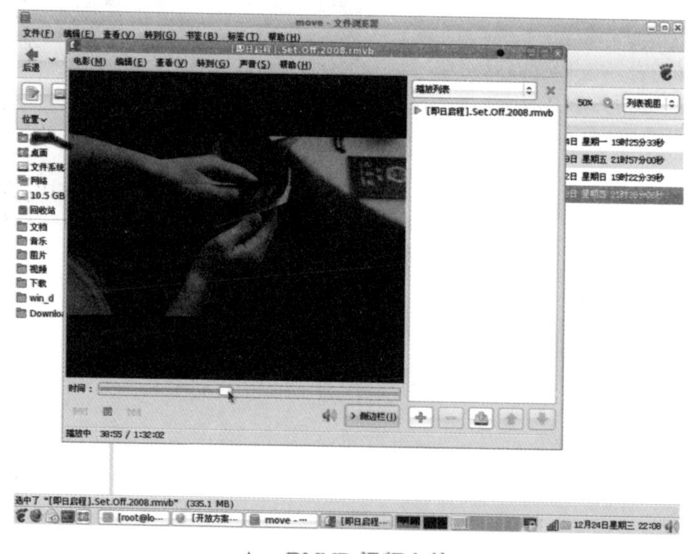

▲ RMVB 视频文件

· Flash

美国 Macromedia 公司于 1999 年 6 月推出一款优秀的网页动画设计软件——Flash。它是一种交互式动画设计工具，用它可以将音乐、声效、动画以及富有新意的界面融合在一起，从而制作出高品质的动态网页效果。在互联网的体系里，由于 HTML 语言的功能十分有限，无法实现令人耳目一新的动态效果，在这种情况下，为了使网页设计更加趋于多样化，各种脚本语言应运而生。Flash 是一种既简单直观又功能强大的动画设计工具，它的出现正好满足了这种需求。

Flash 使用了矢量图形和流式播放技术。矢量图形可以任意缩放尺寸而不影响图形的质量，而流式播放技术使动画可以边播放边下载，从而缓解了网页浏览者焦急等待的情绪。Flash 动画画面生动但文件非常小，用在网页设计上不仅可以使网页更加生动，而且下载也非常容易，并且下载 Flash 动画可以在很短的时间里就能播放。Flash 创作出了许多令人叹为观止的动画效果，把音乐、动画、声效、交互方式有机地融合在一起。而且在 Flash4.0

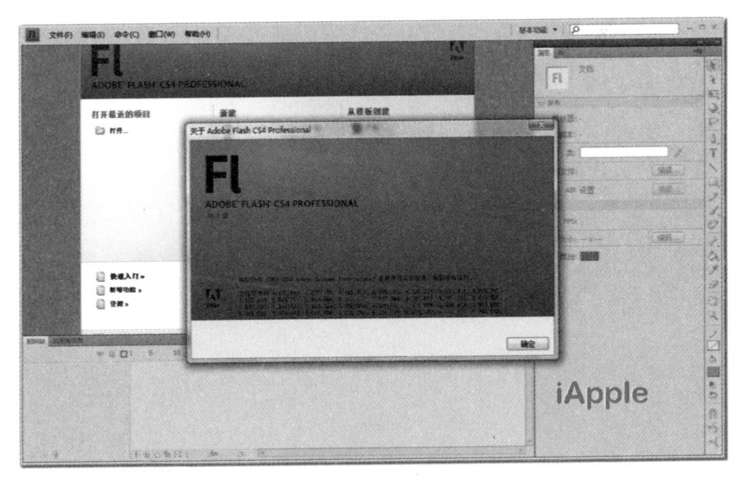

▲ Flash 软件界面

的版本中已经可以支持 MP3 的音乐格式，这使加入音乐的动画文件也能保持小巧的“身材”。

Flash 具有很大的设计自由度，它强大的动画编辑功能使设计者可以随心所欲地设计出高品质的动画。另外，它可以直接嵌入网页的任一位置，非常方便，因为它与当今最流行的网页设计工具 Dreamweaver 默契配合。

总之，目前 Flash 已经发展到十分成熟的地步，在很多领域都有应用。无论是广告还是视频都会运用到 Flash，由于它的存在，人类生活又增添了一些新的情趣，它已经慢慢成为人类生活中的一部分。并且它已经成为一种新兴的技术，正在朝着更宽广的领域发展。

知识链接

“闪客”

“闪客”听起来是一个很酷的名字，那么你知道它指的是什么吗？

“闪客”这个词起源于“闪客帝国”个人网站。关于“闪客”，有一位研究者曾这样描述：他们用一种叫 Flash 的软件，把隐藏在心里那些若隐若现的感觉做成动画，或者是一段 MTV，或者是一段伤感的故事，或者仅仅是一个幽默小品。这些作品传播到网上，或者博得大家开怀一笑，或者赚取几滴眼泪，日复一日，乐此不疲。

“闪”其实就是指“Flash”，“客”不难理解，在这里指“某人”，“闪客”就是指制作 Flash 动画的高手以及经常使用 flash 的人。Flash 作为一种动画编辑软件，可以用它制作出生动的聊天场景和精彩的小游戏，影像配上声音，且能产生互动的效果。“闪客”一般既是丹青妙手，又擅长电脑技术，他们在电脑上把 Flash 的画面和特征确定下来，并存入电脑。电脑能瞬间完成这些计算，因而画面的尺寸和色彩也就很快地变化，展现出各种动态图片，非常美丽动人。

（2）听觉享受——网络音频

①网络音频文件格式

提到网络音频，首先关注的是它的文件格式，因为只有符合它的格式存在，才能有网络音频的存在。那么，什么是网络音频格式呢？音频文件格式专指存放音频数据的文件的格式，互联网上存在多种不同的音频格式。

它可以分为两类，分别是无损压缩格式与有损压缩格式。

无损压缩格式是目前最流行的一种音乐格式，采用先进的无损压缩技术，在音质不降低的前提下，把音乐文件的大小进行压缩。例如 WAV、PCM、FLAC、AU、APE、TAK、Wav Pack（WV）。

有损压缩格式是利用人类视觉或听觉对图像或声音中某些频率成分不敏感特性，从原始数据中去除不敏感的部分，以达到压缩目的。例如 MP3、Windows Media Audio（WMA）、OggVorbis（OGG）、AAC。这种压缩格式也称信息量压缩。

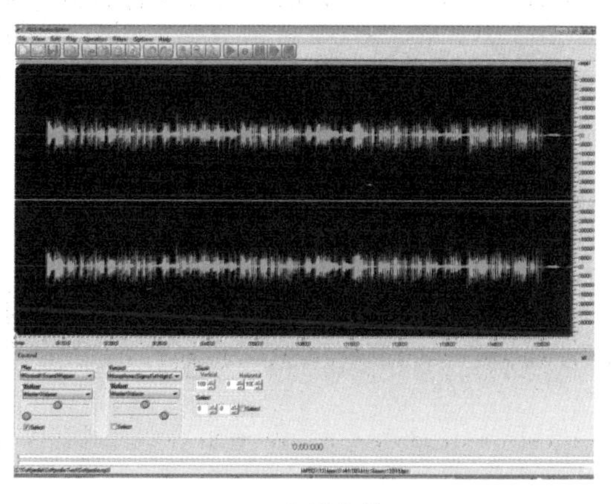
▲ 音乐文件

②常见格式盘点

· CD 格式

如果有人要问当今互联网上音质最好的音频格式是什么？毫无疑问是CD莫属。因此要讲音频格式，CD自然是打头阵的先锋。在大多数播放软件的“打开文件类型”中，都可以看到“＊.cda”格式，这就是CD音轨了。CD的声音基本上是忠于原声的，因为CD音轨是保存比较好的、无损的。如果你是比较喜欢音乐的人，那么，CD是你的首选。CD所带给你的是一种原始的音韵，好似天籁之音。CD光盘可以在CD唱机中播放，也能放在电脑的光驱中来播放。一个CD音频文件是一个“＊.cda”文件，它并不是真正地包含声音信息，它仅仅是一个索引信息，所以无论CD音乐长短如何，在电脑上看到的“＊.cda 文件”都是44字节长。

▲ CD

· WAV

在网络中下载歌曲的时候，很多人都喜欢选择WAV格式的歌曲，因为WAV格式的歌曲占用空间比较少，音质比较好。那么，WAV具体指什么呢？它是微软公司开发的一种声音文件格式，主要用于保存Windows操作系统平台上的音频信息资源，

▲ WAV 格式文件

被 Windows 操作系统平台及其应用程序所支持。标准格式的 WAV 文件和 CD 格式一样，声音文件质量也和 CD 相差无几，几乎所有的音频编辑软件都支持 WAV 格式，它也是目前个人电脑上广为流行的声音文件格式。

· AIFF 与 AU

虽然 AIFF 与 AU 不是经常被使用的音乐格式，但是在这里还是有必要提一下。它们是由苹果系统开发的，所具有的性质与 WAV 非常相像，大多数的音频编辑软件也都支持这两种音乐格式。

· MP3

MP3 是最常见，也是最常用的音乐格式，它诞生于 20 世纪 80 年代的德国，指 MPEG 标准中的音频部分，也就是 MPEG 音频层。MPEG 音频层根据压缩质量和编码处理的不同分为 3 层，分别对应“*.mp1”“*.mp2”“*.mp3”这 3 种声音文件。但是，MP3 的音乐格式没有 WAV 格式稳定，它的音频文件的压缩是一种有损压缩，只能做到基本上保持低音频部分不失真，因为它牺牲了声音文件中高音频这部分的质量来换取文件的小尺寸。相同长度的音乐文件，用“＊.mp3”格式来储存，一般只有“＊.wav”文件大小的 1/10，所以音质要次于 CD 格式或 WAV 格式的声音文件。但是由于 MP3 文件的尺寸小，音质相对较好，所以在它问世之初，就已经受到了人们的欢迎，是目前大部分人喜欢的音乐格式，这些原因也为“＊.mp3”格式的发展提供了良好的条件。

▲ MP3 音乐播放器

· 作曲家最爱——MIDI

经常和音乐打交道的人应该对

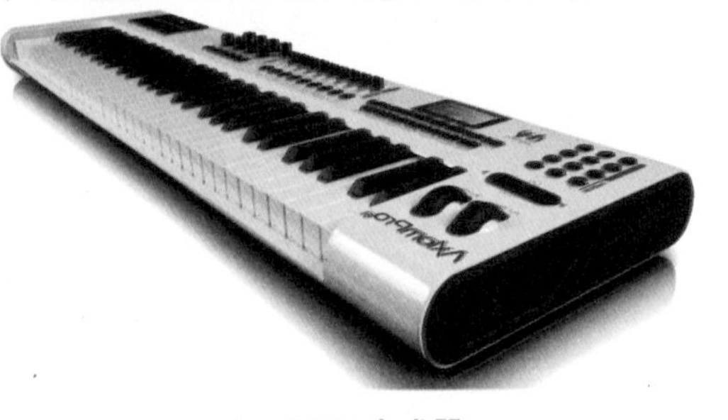

▲ MIDI 合成器

MIDI 这个词感觉不陌生，MIDI 是一种允许数字合成器和其他设备交换数据的音乐格式。MID 的另一种形式是 MIDI 文件格式，MID 文件并不是一段录制好的声音，而是记录声音的信息，以及告诉声卡如何再现音乐的一组指令。这样一个 MIDI 文件每存 1 分钟的音乐只用大约 5~10KB，因此，MID 文件主要用于原始音乐作品、流行歌曲的业余表演、游戏音轨以及电子贺卡等。它的文件格式表示方式为“＊.mid”，是否具有重放的效果完全依赖声卡的档次。“＊.mid”格式的最大用处是在电脑作曲领域。另外，还可以用作曲软件写出，或者是通过声卡的 MIDI 口把外接音序器演奏的乐曲输入到电脑里，制成“＊.mid”文件。

· 最具实力——WMA

WMA（WindowsMediaAudio）格式是来自于微软的重量级选手，音质要比 MP3 格式好一些，并且远胜于 RA 格式。它主要以减少数据流量但保持音质的方法来达到比 MP3 压缩率更高的目的。WMA 的压缩率一般都可以达到 1：18 左右，内容可以加入防拷贝保护。这种内置了版权保护技术的格式可以限制播放时间和播放次数，甚至播放的机器等，对于被盗版搅得焦头烂额的音乐公司来说，它的出现是音乐上的一个福音。另外 WMA 还支持音频流技术，适合在网络上在线播放，同时它也可以在录制时对音质进行调节。对于某些

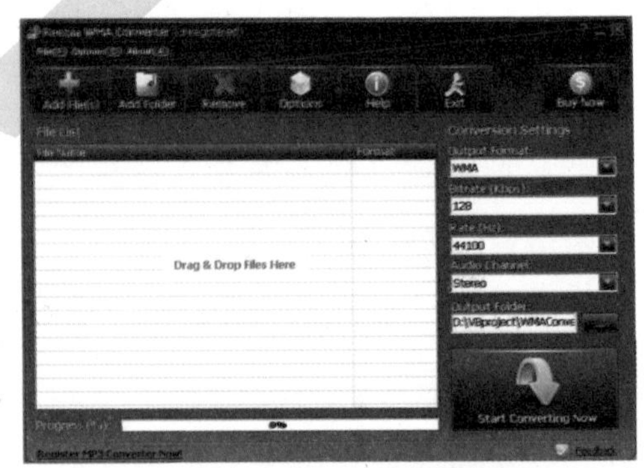

▲ WMA 文件编辑

音质好的可与CD媲美，压缩率较高的可用于网络广播。虽然，WMV格式还没有MP3被应用得广泛，但是在微软公司的大规模推广下，它已经得到了越来越多站点的承认与大力支持。几乎所有的音频格式都感受到了WMA格式的压力。

·流动的旋律——Real Audio

Real Audio主要适用于网络上的在线音乐播放，现在大多数的用户仍然在使用56Kbps或更低速率的Modem，所以典型的回放并非最好的音质。有的下载站点会提示你根据你的Modem速率选择最佳的Real文件。现在Real的文件格式主要有RA（Real Audio）、RM（Real Media，Real Audio G2）、RMX（Real Audio Secured）。这些格式在保证大多数人听到流畅声音的前提下，使带宽较富余的听众能够获得较好的音质，因为它们可以随网络带宽的不同而改变声音的质量。

近来随着网络带宽的普遍改善，Real公司正推出用于网络广播的、达到CD音质的格式。如果你的RealPlayer软件不能处理这种格式，它就会提醒你下载一个免费的升级包。

·重在宣传——VQF

它是一种比较陌生的格式，或许很多人都还不了解它。那么，什么是VQF呢？它就是雅马哈公司开发的一种格式，其核心是以减少数据流量但保持音质的方法来达到更高的压缩比。它在技术上比较成熟、先进，但是这种格式没有用武之地，因为它缺乏有力的宣传。“＊.vqf”可以用雅马哈的播放器播放，同时

▲ VQF文件

雅马哈也提供从“＊.wav”文件转换到“＊.vqf”文件的软件。由于这种文件格式没有引起相关人士的大力宣传，被用得非常少，因此它的魅力就这样被埋没了。

· 新生代音频格式——OGG

OGG 是什么呢？听上去很有意思，难道它也是和音乐有关系的吗？ Ogg 全称是 Ogg Vobis（Ogg Vorbis），是一种新的音频压缩格式，类似于 MP3 等现有的音乐格式。但有一点不同的是，它是完全免费、开放和没有专利限制的。随着它的流行，以后用随身听来听 DTS 编码的多声道作品将不会是梦想，因为 Ogg Vobis 有一个很出众的特点，就是能够支持多声道。

Vorbis 是这种音频压缩机制的名字，而 Ogg 则是一个计划的名字，该计划意图设计一个完全开放性的多媒体系统。目前该计划只实现了 Ogg Vorbis 这一部分。

Ogg Vorbis 文件的扩展名是 OGG。这种文件的设计格式非常先进。现在创建的 OGG 文件可以在未来的任何播放器上播放，因此，这种文件格式可以不断地进行大小和音质的改良，而不影响旧有的编码器或播放器。另外，OGG 格式和 MP3 不相上下，完全开源，完全免费。

▲ Ogg Vorbis

· 前途无量——AAC

AAC 是英文 Advanced Audio Coding 的缩写，中文意思为高级音频编码技术。它是由杜比实验室为音乐提供的一种编制技术，最早出现于 1997 年，是在 MPEG-2 的音频编码技术基础上发展起来的。由杜比、苹果、索尼等

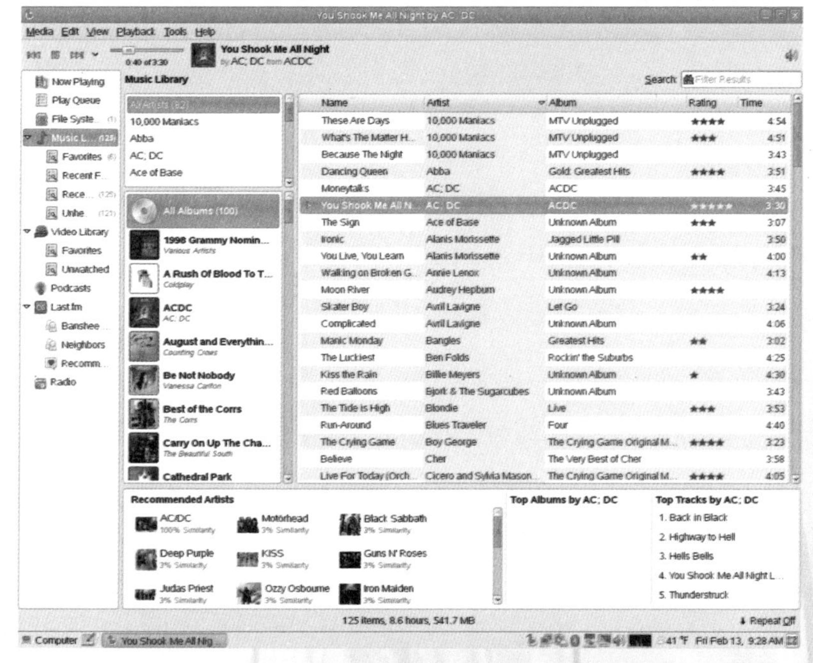

▲ Advanced Audio Coding 文件

公司共同开发，试图想要以此来取代 MP3 格式。

AAC 支持 1~48 个全音域音轨和 15 个低频音轨，具有多声道特性是它的另一个引人注目的地方。除此之外，AAC 最高支持 96KHz 的采样率，解析能力足可以和 DVD-Audio 的 PCM 编码相提并论。因此，它得到了 DVD 论坛的支持，有可能成为下一代 DVD 的标准音频编码。

· 无损压缩格式——APE

APE 是新一代的无损音频格式，是由庞大的 WAV 音频文件通过 Monkey's Audio 这个软件进行“瘦身”压缩而来的。有时候它被用做网络音频文件传输，因为被压缩后的 APE 文件容量要比 WAV 文件小一半多，可以节约传输所用的时间。更重要的是，APE 是无损音频压缩格式，因为通过无损音频压缩软件 Monkey's Audio，还原以后得到的 WAV 文件可以做到与压缩前的源文件完全一致。

· FLAC 格式

FLAC 是 Free Lossless Audio Codec 的简称，是非常成熟的无损压缩格式，该格式的源码完全开放，而且差不多能够兼容所有的操作系统平台。它的编码算法相当成熟，已经通过了严格的测试，而且一般在文件点损坏的情况下依然能够正常播放。该格式有成熟的 Windows 制作程序，并得到了众多第三方软件的支持。此外该格式是唯一的已经得到硬件支持的无损格式，Rio 公司的硬盘随身听 Karma、Phat Box 公司的数码播放机以及日本建伍公司的车载音响 MusicKeg 都能支持 FLAC 格式。

· Tom's Audio Kompressor（TAK 格式）

TAK 是一种新型的无损音频压缩格式，全称是 Tom's Audio—Kompressor，产于德国。目前最新版本还停留在 1.01（2007 年 6 月 2 日）。

▲ TAK 格式文件

它的压缩率和APE相似，解压缩速度和FLAC相似，综合了两者的优点。另外，用此格式的编码器压缩的音频是VBR，是一种可变化特率。

TAK格式所具有的优势表现在，首先它有较为优秀的压缩率。TAK格式使用Extra参数的压缩率类似APE的High参数。其次，它有较快的压缩速度和解压缩速度。压缩速度比其他压缩格式都要快，解压缩支持多种音频格式的转换，支持流媒体。再次，它具有一定的容纳错误信息的能力。一般在文件受损后，也可以播放，并且对于出错的信息容易发现、改正，最重要的是还能支持音频信息。

作为数字音乐文件格式的标准，WAV格式容量过大，因而使用起来很不方便。因此，一般情况下我们把它压缩为MP3或WMA格式。压缩方法有无损压缩、混成压缩、有损压缩。MPEG、JPEG就属于混成压缩，它们的特点是将压缩后的信息再还原的时候会改变原有信息的内容。这种改变是非常微小的，一般人耳是无法分辨的。因此，如果把MP3、OGG格式从压缩的状态还原回去的话，就会产生损失。但是，APE是与它们完全不一样的，它是一种无损失高音质的压缩与还原格式，无论怎样还原，也能毫无损失地保留着原有音质。在完全保持音质的前提下，APE的压缩容量比原来要小许多。例如常见的38MB WAV文件，压缩成APE格式后比开始足

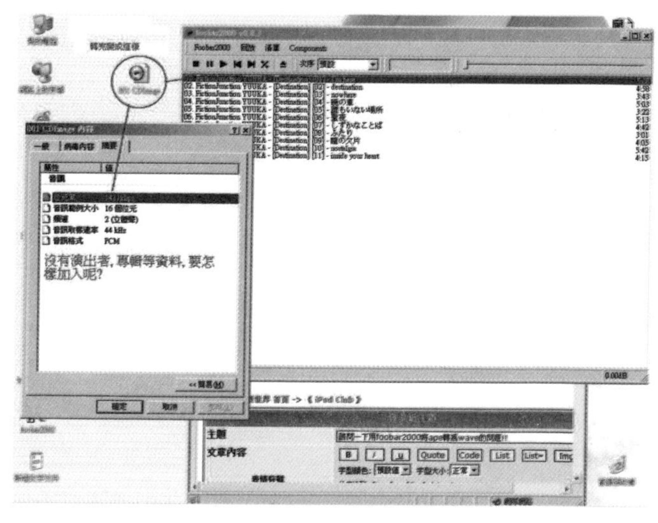

▲ APE格式文件

足少了 13MB，为 25MB 左右。而且在 MP3 容量越来越大的今天，25MB 的歌曲已经算不上什么庞然大物了。如果 1GB 的 MP3 可以放入 4 张 CD，也就是 40 多首歌曲，那么使用 APE 格式已足够了！

那么，什么是有损压缩与无损压缩？它们有什么区别和联系？各有什么特点？有损压缩是指经过压缩后产生的新文件所保留的声音信号，相对于原来的 PCM/WAV 格式的信号而言有所削减。无损压缩是指经过压缩后产生的新文件所保留的声音信号，相对于原来的 PCM/WAV 格式的信号而言完全相同，没有削减。不过要注意，我们这里所说的无损压缩，和自然、真实的声音相比还是有一定误差存在的，作为数字音频格式，很难完全做到毫无损失，只能做到无限接近于无损。一般来说，PCM 是一种最高的保真水平。

· PCM

PCM 是在数字音响中，将连续的模拟信号（如话音）变换成离散的数字信号的脉冲编码研制方式。

PCM 编码是英文 Pulse Code Modulation 的缩写，意为脉冲编码调制，是数字通信的编码方式之一。我们常见的 AudioCD 采用的就是 PCM 编码。PCM 编码的优点是音质好，它的最大的缺点就是体积大。

· AU

Audio 文件简称 AU，是 Sun 微系统公司推出的一种经过压缩的数字声音格式。AU 文件原先是 UNIX 操作系统下的数字声音文件。由于早期互联网上的 Web 服务器主要是基于 UNIX 的，所以在目前的互联网中，AU 格式的文件也是常用的声音文件格式，但是，只有少数的浏览器支持 AU 格式的声音文件。

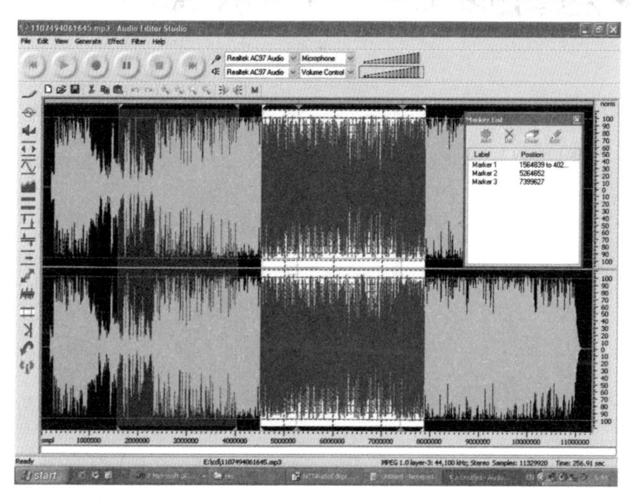

▲ AU 格式文件

知识链接

你知道什么是 P2P 吗?

对 P2P 可以简单理解为“点对点、个人对个人”。形象点说，我们每天通过电话跟别人沟通就是 P2P 的一种形式，在你使用 QQ 尽情聊天之时，你享受的就是 P2P 技术给你带来的快乐。

P2P 不是像过去那样连接到服务器上去浏览与下载，而是可以直接连接到其他用户的计算机上交换文件。P2P 必将在互联网时代有着突飞猛进的发展。P2P 另一个重要特点是把权力交还给用户，改变互联网现在的以大网站为中心的状态，重返“非中心化”。

在互联网上的 P2P 是一种思想，在它的思想体系下，人们通过互联网直接交互，共享资源。P2P 使个人成为互联网的主体，使网络上的沟通变得容易、更直接共享和交互。

3. 沟通无限——即时通信

即时通信是指能够即时发送和接收互联网消息的一种运行软件。QQ、MSN 都是最受欢迎的互联网即时通信工具。MSN 目前在网民中使用较广泛，它是由微软公司开发的，而 QQ 则是国内最时髦的即时通信工具。

早期的即时通信程序与现在的大不相同，使用者输入的每一个字，不用按回车键，就会马上显示在双方的屏幕上，且对每一个字的操作，删除或是修改，都会即时地反映在屏幕上。也就是说，你对自己输入的信息无法做到及时修改。而在现在的即时通信程序中、交谈中，信息发送前有修改的机会，输入信息后必须按回车键才可以使另一方收到信息。

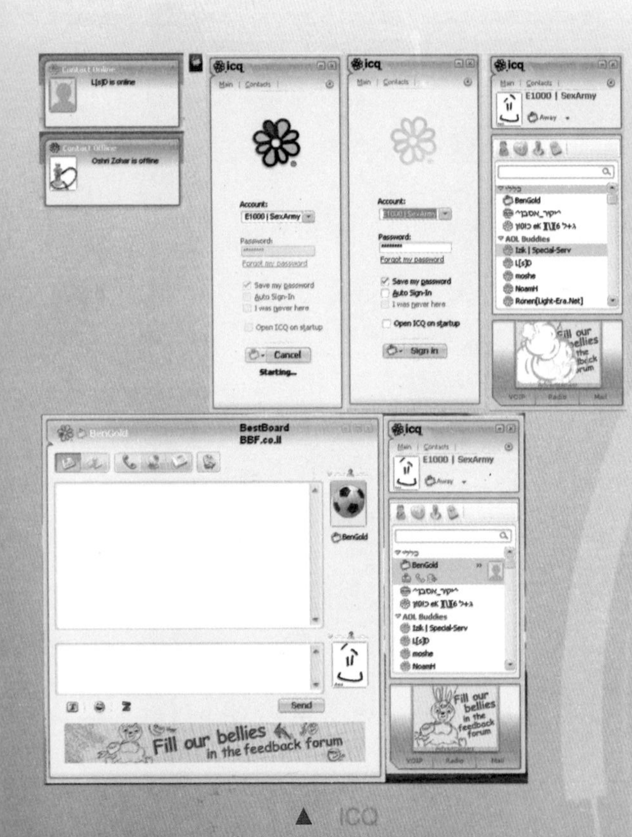

▲ ICQ

即时通信是通过即时通信软件来实现的。最早的即时通信软件是 ICQ。ICQ 是英文中 I seek you 的谐音，意思是“我找你”。1996 年夏天，以色列的三个年轻人维斯格、瓦迪和楚游芬格聚在一起决定开发一种软件，这种软件可以利用互联网即时交流的特点来实现人与人之间快速直接地交流，由此 ICQ 的设计思想便产生了。在 1996 年 11 月份发布最初版本的 ICQ 后，短短的 6 个月内就有 85 万用户注册使用。

早期的 ICQ 很不稳定，尽管

如此，还是受到大众的欢迎。雅虎、微软公司也先后推出自己的即时通信软件，腾讯公司推出的腾讯 QQ 也迅速成为中国最大的即时交流软件。那么，这些后来发展起来的即时通信软件有什么特点呢？

（1）腾讯 QQ

腾讯 QQ 是一款基于互联网即时通信的软件，我们可以使用 QQ 软件和好友进行信息交流、自定义图片或相片即时发送和接收、语音视频面对面聊天等。腾讯 QQ 的功能非常全面，除了上述几种功能外，还具有手机聊天、传输文件、共享文件、QQ 邮箱、网络收藏夹、发送贺卡等功能。腾讯 QQ 目前已成为国内最为流行、功能最强大的即时通信软件。另外，QQ 还可以与移动通信终端、无线寻呼、IP 电话网等多种通信方式相连，使 QQ 不仅仅是单纯意义的网络虚拟寻呼机，而是一种高效、方便、实用的即时通信工具。

（2）QQ 之父

QQ 是目前人们都比较喜欢的一种即时通信，那么，你知道它是如何诞生的吗？这与它的发明者——马化腾有直接关系。马化腾是腾讯 QQ 掌门人，1997 年，马化腾最初接触到了 ICQ 即时通信软件，并成为了它的用户，他亲身感受到了 ICQ 的魅力，但是同时他也意识到了 ICQ 的不足。首先它是英文界面，其次是操作不方便，这样 ICQ 在国内虽然也有使用者，但是只能被一些高端人士使用。此时他就想，如果能有一个与ICQ相似的软件，并且比它使用更简单方便就好了。于是马化腾和他的伙伴便开发了一个中文ICQ的软件，深受我国广大网民的喜欢。但是，由于后来ICQ的版权问题，中文ICQ被改为QQ。现在几乎所有上网的中国人都有自己的QQ号。

（3）操作简单

QQ作为一款即时通信工具，它的突出特点是不仅具有强大的功能，而且操作起来十分简单，即使对于初学者也没有太大困难，容易掌握。

（4）轻松拥有QQ

既然QQ有这么多的好处，那么我们如何才能拥有自己的QQ呢？

首先，我们需要下载一个QQ软件。你可以登录腾讯的官方网站下载，进入下载页面后，根据提示一步一步操作。

其次，对下载的QQ软件进行安装。在安装完成后，点击桌面的QQ图标，会在桌面上出现一个对话框，点击界面右上方的“申请账号”按钮，然后按照提示一步步操作。在完成基本信息注册后，就可获得一个免费的QQ号码。

▲ QQ logo

最后，在每次启动QQ时，输入账号和密码，就可以登录自己的QQ了。

（5）添加好友

当你申请到一个QQ账号后，还不能马上进行聊天的工作，因为你还没有 QQ 好友。此时你可以把你的有 QQ 号的朋友加入到你的 QQ 中，或者在网上直接搜索一些并不相识的朋友的 QQ 号码，并把他们加为好友，这样就可以实现你与他们的对话了。

但是，网络世界是一个虚拟的世界，当你在用 QQ 与陌生朋友聊天时，并不知道对方太多的信息，一旦你发现某个朋友不适合作为聊天对象时，你可以通过 QQ 上的“删除好友”或“加入黑名单”来和他解除好友关系，这样他就不会在你的 QQ 中显示头像了。

(6) 看得见，听得着——语音 / 视频聊天

在有了 QQ 号之后，越来越多的朋友逐渐加入到“我的好友”中来，你们不但可以通过打字进行文字信息的交流，还可以通过 QQ 语音或 QQ 视频进行在线聊天。这些功能集中在聊天窗口的上部，点击其中的摄像头图标按钮，就可以开启视频聊天工具进行在线视频聊天了。点击麦克风图标按钮，在对方应答后，你们便可以通过耳麦进行语音聊天，虽然也是看不见，但比

▲ QQ 聊天界面

打电话要节省得多。但是有一条要注意，交流双方的本地电脑上必须配备上摄像头、耳机，视频音频聊天工具才能真正有效。

QQ 不仅仅支持一对一的在线聊天，还可以通过聊天室、QQ 群将一群志趣相投的朋友们聚集在一起，增加了乐趣。

除了在线聊天，腾讯 QQ 还有很多的功能，通过 QQ 你可以看电影、听音乐、玩游戏、网上购物、阅读新闻等。总之，QQ 的世界是一个其乐无穷的世界，如果你现在还没有亲自体验过它的强大功能，那么就去体验一下吧！

知识链接

微博

微博，是微型博客的简称，通过互联网基于用户关系的信息分享、传播以及获取的平台，用户可以通过 WEB、WAP 以及各种客户端组建个人社区，以 140 字左右的文字更新信息，并实现即时分享。

2010 年中国四大门户网站（新浪、网易、搜狐、腾讯）都相继开设了微博。根据已经公开数据显示，截至 2010 年 1 月份，该产品在全球已经拥有 7500 万注册用户。

中国互联网络信息中心（CNNIC）2014 年初发布的《第 33 次中国互联网络发展状况统计报告》显示，2013 年，中国微博用户为 2.75 亿。现在，新浪微博用户数超过 5 亿，主要是由于抢占了先机，仅仅几年时间，新浪微博就为新浪创造了几十亿美元的利润。现在还有微信也比较受广大用户欢迎。

4. 超级低费用——网络电话

（1）什么是网络电话

网络电话是指通过互联网做实时的传输及双边的对话。它是具有真正意义的 IP 电话。它的系统软件运用独特的编程技术，具有强大的 IP 寻址功能，可穿透一切私网和层层防火墙。无论你是在公司的局域网内，还是在学校或网吧的防火墙背后，均可使用网络电话，实现电脑的自如交流；无论身处何地，双方通话时完全免费；也可通过你的电脑拨打全国的固定电话、小灵通和手机，和平时打电话完全一样，输入对方区号和电话号码即可，享受 IP 电话的最低资费标准。其语音清晰、流畅程度完全超越现有的 IP 电话。现在，我们已经实现了用固定电话拨打网络电话。你通话的对方计算机上已安装的在线 uni 电话客户端振铃声响，如果对方摘机，此时通话建立。

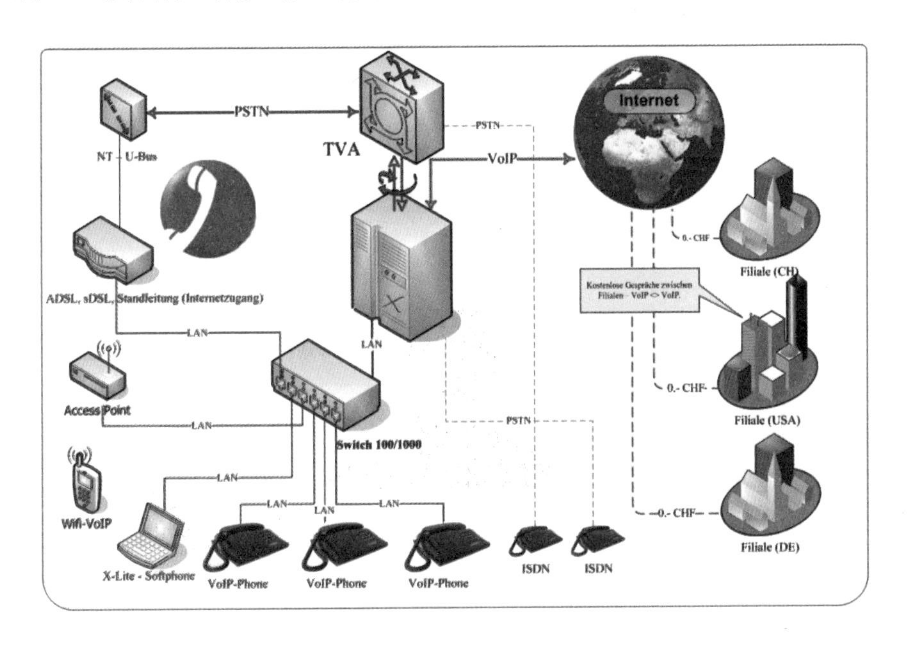

▲ 网络电话

（2）网络电话的技术手段

网络电话是基于 VoIP 技术的语音通信软件，与语音交换服务器、电话网关和接点交换服务器构成完整的语音通信平台，还支持包括 USB 语音通信手柄、USB—RJ11 转换盒和 PCI—RJ11 转换卡等硬件产品，能够在以 TCP/IP 协议为基础的网络上提供 PC to PC、PC to Phone 和 Phone to Phone 的通信服务，可以满足电信运营商、宽带运营商提供通信服务和企业解决通信问题的需要。

网络语音通信平台的用户呼叫和建立连接过程中传输的控制数据采用了自主开发的信令控制协议，具有会话建立速度快、资源占用少的特点。网络语音电话的语音压缩支持 13Kbps 和 5.6Kbps 的压缩速率，可以满足用户在宽带和窄带网络上使用。由于放弃了对 TCP 传输控制协议的使用，网络语音通信平台可以突破网络防火墙对 VoIP 技术的限制，使处于不同网络防火墙后的用户也可以直接进行语音通信，网络电话号码真正成为人人可用的网络语音通信软件。

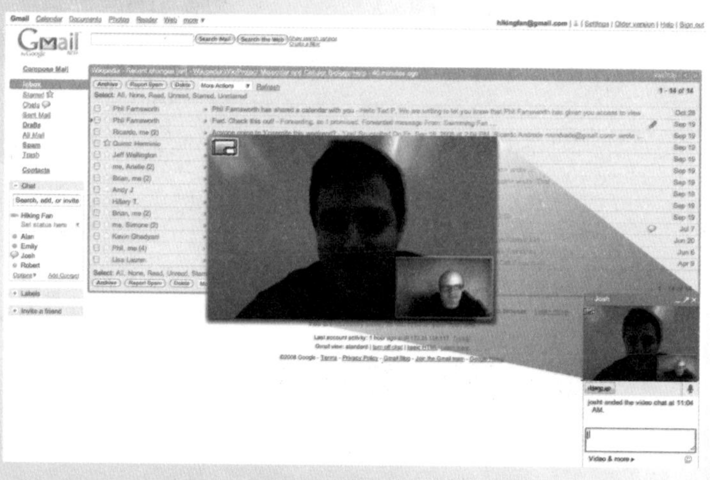

▲ 网络通话界面

（3）网络电话发展简史

①国外发展情况

1995 年 2 月，以色列 VocalTec 公司推出“IPhone1.0”，全球第一款 Internet 语音传输软件诞生。

1996 年 7 月，美国 IDT 公司发布 Net2phone 单工测试版，全球第一款可拨打电话的 VoIP 电话诞生。

1996 年 11 月，美国 IDT 公司正式发布 Net2phone 全双工版。

②我国发展情况

1997 年 7 月，Net2phone.com.cn（创始人是一位名叫陈昱的在校大学生）开始向中国客户宣传推广 Net2phone，是中国最早开展此项业务的服务商。

1997 年 7 月，Net2phone.com.cn 网站发展了中国第一位 Net2phone 用户。当时中国的国际长途电话费为 15 元 / 分钟，客户使用后每月节约数千元。

1997 年 7 月，该站向中国各大国际贸易公司宣传、推介 Net2phone。

1998 年 1 月，该站代销售的 Net2phone 被一些用户转售、出租使用，其中福建的陈氏兄弟被福州公安局逮捕并罚款，此案被称为“中国 IP 电话第一案”。

1998 年 3 月，天津福瑞泰科技有限公司抢先取得 Net2phone 中国区独家代理权，并于 1999 年至 2001 年一度垄断国内的 Net2phone 市场。

1999 年，Net2phone.com.cn 创始人成功汉化 Net2phone9.6 版，使中国人第一次使用到了中文界面的 VoIP 电话，极大地推进了 Net2phone 的中国市场发展。

2001~2003 年，Net2phone 先后与中国多家公司尝试合作，最终选择具有政府背景的中国技术创新有限公司作为它在中国地区的总代理。

2004年至今，新E通网络电话始建于2004年11月，由中国铁通陕西分公司与深圳华为联合创建，是国内唯一一家采用语音系统查询充值的网络电话。今天，新E通已经成为业界第一大品牌。现在用微信和QQ通信的已成主流。

（4）网络电话原理

网络电话就是IP电话，IP电话通过把语音信号数字化处理、压缩编码打包、通过网络传输，然后解压、把数字信号还原成声音，让通话对方听到。

下面是话音从源端到达目的端的基本过程：

①语音—数据转换

对语音信号进行模拟数据转换，也就是对模拟语音信号进行8位或6位的量化，然后送入到缓冲存储区中。

②原数据到IP转换

对语音包以特定的帧长进行压缩编码。

③传送

从输入端接收语音包，然后在一定时间内将语音包传送到网络输出端。

④ IP包—数据的转换

目的地VoIP设备接收这个IP数据并开始处理。首先，缓冲器来调节网络产生的抖动。其次，解码器将经编码的语音包解压缩后产生新的语音包，然后送入解码缓冲器。

⑤数字语音转换为模拟语音

播放驱动器将缓冲器中的语音样点（480个）取出送入声卡，通过扬声器按预定的频率（例如8kHz）播出。

（5）网络电话的三种实现方式

① PC to PC

这种方式通话的前提是双方计算机中必须安装有同套网络电话软件。

这种方式的通话是 IP 电话应用的雏形，它的优点是方便与经济，缺点是通话双方必须事先约定时间同时上网。

② PC to Phone

这种方式是通过计算机拨打普通电话。作为呼叫方的计算机，要求具备多媒体功能，能连接上因特网，并安装 IP 电话软件。被叫方拥有一台普通电话即可。

这种方式主要用于拨打到国外的电话，但是这种方式无法满足公众随时通话的需要，仍旧十分不方便。

③ Phone to Phone

这种方式就是“电话拨电话”，也就是从普通电话机到普通电话机的通话。它需要 IP 电话系统的支持。IP 电话系统一般由电话、网关和网络管理者三部分构成。电话是指可以通过本地电话网连到本地网关的电话终端。网关是 Internet 网络与电话网之间的接口，它还负责进行语音压缩。网络管理者负责用户注册与管理，包括对接入用户的身份认证、呼叫记录等。

（6）如何安装网络电话

①找一个网站，下载免费的正版软件。

②运行下载好的软件，就可以安装。安装时会提示测试麦克风、耳机等，填写注册资料、密码。

③运行软件后，单击“＄”购买通话时间，输入你的信用卡号码。

主流的网络电话软件

SKYPE

Skype是网络即时语音沟通工具，具备IM所需的视频聊天、多人语音会议、多人聊天、传送文件、文字聊天等其他功能。它可以拨打国内国际电话，无论固定电话、手机、小灵通均可直接拨打，并且可以实现呼叫转移、短信发送等功能。Skype是一家全球性互联网电话公司，它在全世界范围内向客户提供免费的高质量通话服务。

KC

KC是一个集成了即时通信（QQ/MSN）、电话、短信、电子邮件、传真五大通信功能的个人超级终端。通过KC可免费实现多种通信方式，如与QQ/MSN好友聊天、发短信、打电话、一键式收发、管理多个电子邮箱等。

UUCALL

UUCall是一款网络电话软件，音质好、小巧、使用便捷。它采用点对点免费通话方式实现全球性的清晰通话，可以在全球范围内超低资费拨打固定电话、手机和小灵通。

5.收发“伊妹儿”——网上邮局

什么是“伊妹儿”呢？听起来像是一个人的名字。其实，它并不是人名，而是一种网络邮件，英文名字是“E-mail”，“伊妹儿”是它的中文译音。

有了“伊妹儿”，就不用亲自跑邮局买邮票寄信了。给一个准确的地址，网络就是你的邮递员。这个邮递员非常神奇，你这里刚发出，收件人那边就能收到，传送信件速度非常快，即便是《水浒传》里的神行太保戴宗恐怕也不能和它相比吧。

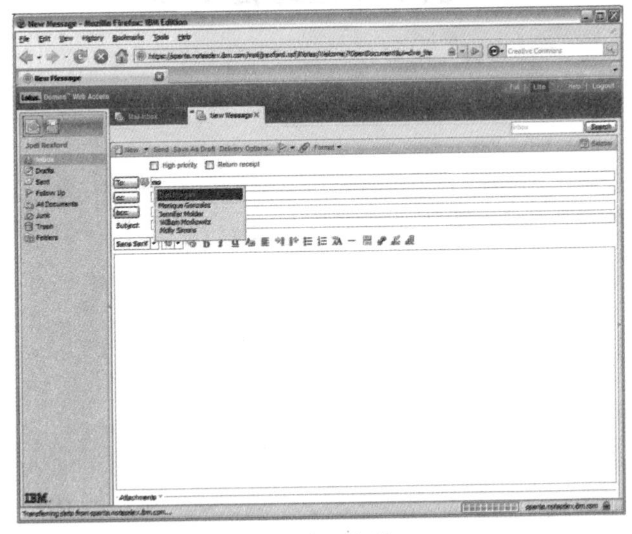

▲ 电子邮件

这个“伊妹儿”，其实指的是电子邮件，又称电子信箱、电子邮政，它是一种用电子手段提供信息交换的通信方式。目前，电子邮件是应用最广的网络服务，通过网络的电子邮件系统，用户可以以非常快速的方式（几秒钟之内可以发送到世界上任何你指定的目的地），与世界上任何一个角落的网络用户联系。这些电子邮件可以是文字、图像、声音，一些视频短片、压缩文件等。电子邮件的数据发送方和接收方都是人，是整个网络系统中直接面向人与人之间信息交流的系统，它充分满足了人与人通信的需求。

电子邮件综合了电话通信和邮政信件的特点，传送信息的速度和电话一样快，又能像信件一样使收信者在接收端收到文字记录。电子邮件系统是在计算机的邮件报文系统的基础上发展起来的。它承担从邮件进入系统到邮件到达目的地为止的全部处理过程。电子邮件可利用电话网络、任何通信网传送。在利用电话网络时，还可利用它的非高峰期间传送信息，这对于商业邮件具有特殊价值。

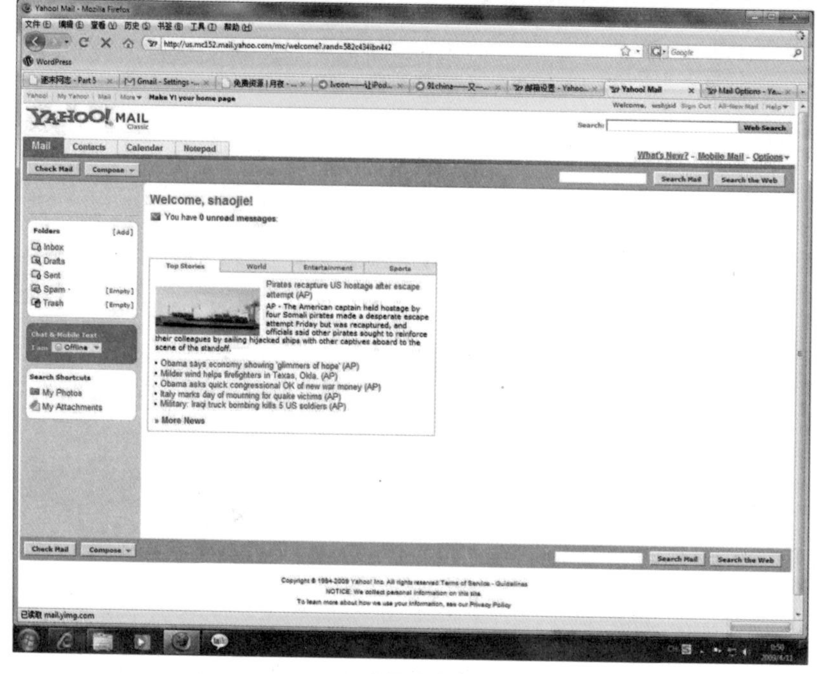

▲ 登录雅虎邮箱

（1）电子邮件地址

我们都有自己喜爱看的电视节目，在电视节目的最后，屏幕显示栏目通信地址时，除了电话和通信地址外，还有一连串由 @ 从中间隔开的英文字母，它是什么呢？它就是电子邮件地址。一般而言，电子邮件的邮箱地址格式包括用户名和邮件服务器，如 liming@sina.com、zhangyu@163.com 等等。其中，@ 前面的部分是用户名，这部分是你可以编辑的，@ 后面的部分是你选择的邮件服务器。

（2）申请电子邮箱

每当节日来临的时候，很多人都想通过时尚的电子邮箱来发送电子贺卡，表达彼此之间的美好祝愿，但是，前提要有个电子邮箱。那么，怎样才能拥有一个电子邮箱呢？目前在新浪、搜狐网易等网站上都可以免费申请一个电子邮箱，并且申请的步骤大致相同。下面我们以搜狐邮箱为例，告诉你如何申请。

申请免费的搜狐（sohu）邮箱：

①在搜索引擎（谷歌、百度）上输入“搜狐邮箱”，按回车键，查询搜索结果。

②点击搜索结果中的“搜狐邮箱”项，进入搜狐邮箱的页面。

③在网页左上方的“搜狐免费邮箱”一栏中，点击位于这一栏下方的“注册新用户”按钮。

④在弹出的新的网页中填写基本信息，设置用户名和密码，你可以使用你的名字的拼音进行用户注册，也可以选择你喜欢的个性化的英文字母组合来为你的邮箱命名。需要注意的是，因为在搜狐上申请邮箱的人很多，一些容易记忆、好听的用户名可能已经被注册，这时候你就要多思考一些，选择一个合适的用户名。

⑤完成注册信息的填写并提交，免费邮箱的注册就完成了。

上面是搜狐免费邮箱的申请过程，你也可以用同样的方法从新浪、网易等网站申请到免费的邮箱。

▲ 填写基本信息

（3）邮箱的使用

我们申请了一个免费的邮箱，就可以给同学写信、发邮件发贺卡了，可是怎么操作呢？下面来教你如何使用邮箱。

首先是要登录你的邮箱，登录邮箱的方式有两种，既可以通过登录邮箱所在网站的网页打开，也可以通过相关的软件打开。

网页打开就是登录注册邮箱所在网站的主页。还是以搜狐免费邮箱为例，在打开搜狐网站主页后，在位于顶端的方框中输入邮箱地址和密码，你就可以进入你的邮箱了。

除此之外，你也可以通过软件方式进入你的邮箱，软件方式就是指使用一些可以安装在电脑上，用以管理电子邮件、进行邮件收发的软件。比较常见的管理电子邮件的软件工具有 Foxmail、Outlook 等。

“开始—程序—Outlook Express”，通过前面的计算机操作，你就可以

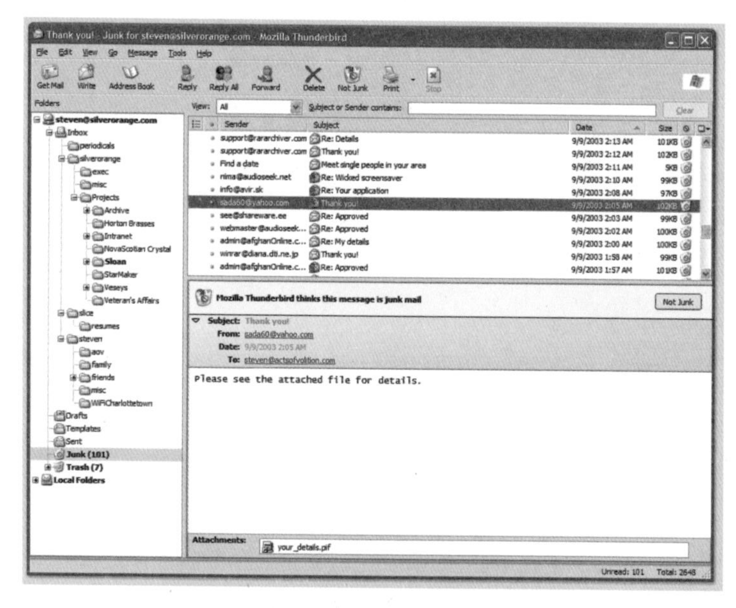

▲ Outlook Express

看到“Outlook Express”软件，Outlook 的功能很强大，它可以被用来收发电子邮件、管理联系人的信息、记日记、安排日程、分配任务等。

Foxmail 是一款优秀的国产电子邮件管理软件，它可以节省用户查看电子邮件的时间，对发来的邮件进行分类，有效地将正常的邮件和垃圾邮件区分开来。

在进入个人邮箱的网页后，便可以进行邮件的收发操作了。

单击左上角的“写信”按钮，弹出一个新的页面。在这个页面中，填写你的朋友（收件人）的邮箱地址，填写信件的主题，也就是标题。例如我们要给同学写一封祝愿新年快乐的信，在主题那一栏输入“新年快乐”，在位于主题下面的大方框中书写邮件正文，你可以写上你想说给同学的话和祝福。最后点击“发送”按钮，你的祝愿便通过网络传达到你的同学那里去了。

电子邮件的收取就更简单了，在登录你的电子邮箱后，点击“收件箱”按钮或直接点击“收信”按钮，你就可以查看你的信件了。在查看完信件后，可以点击“回复”按钮，对来信进行回复。

（4）“炸弹”或惊喜——附件

电子贺卡是通过邮件的附件功能来实现的。你的生日临近了，会有同学通过电子邮件的方式表达他们对你的祝福，这种祝福的表达除了通过文字，往往还一并附上一张精美的生

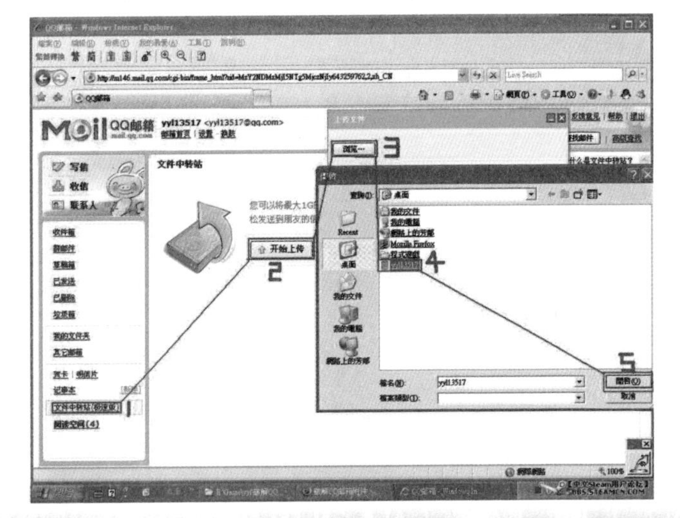

▲ 上传邮件附件

日贺卡，让你感动、惊喜。但是要注意，附件中不一定都是惊喜，也许遭遇“炸弹”——病毒，所以对于来历不明的邮件中的附件，你就要慎重了，考虑一下是不是要打开。

（5）可恶的垃圾邮件

有了电子邮箱，和别人的沟通就更便捷了，但它同时也为垃圾邮件提供了一个平台。大部分垃圾邮件为电子广告邮件，内容为大量的广告信息。它们给我们正常使用电子邮箱带来了不便，因为它们是在没有得到我们许可的情况下发送过来的，并且有时由于数量大而大量地占据了邮箱的空间。

知识链接

乱码的电子邮件

收到一封来自朋友的电子邮件，打开后邮件显示的是乱码，这是怎么回事？难道邮件中包含病毒吗？不要紧张，因为这可能是由于发送方（你的朋友）与接收方（你）所使用的中文操作环境不一致而造成的。中文电子邮件的文字在被编码之后才发送到互联网上进行传输，然后在接收方那里重新对编码进行解读后的文字显示在接收方的收件箱中。但是如果发送方和接收方所使用的汉字操作环境不一样，那么它们编码和解码的方式也会不一样，这就导致邮件解码失败，乱码出现。如果是中文，这个时候你可以运用汉字操作环境中所提供的文本转换器对邮件进行转码，就能得到和原文一致的中文。

Outlook Express 5 可以防乱码。对 Outlook Express 5 进行必要的设

置，能够从根本上避免电子邮件的乱码问题。

1. 打开 Outlook Express 5，选择“工具”菜单中的“选择”命令，单击“阅读”标签。

2. 单击“字体”按钮，选择“简体中文（GB2312）”并把它设置为默认值，设置好后按“确定”按钮回到“阅读”对话框。

3. 单击“国际设置”按钮，选中“为接收的所有邮件使用默认的编码”，单击“确定”按钮并退出。

进行完以上操作之后，收件箱中的邮件就不会有“乱码困扰”的问题了。

6. 游戏里的生力军——网络游戏

紧张的工作和生活之余，游戏不失为休闲娱乐、放松身心的一种方法，而网络游戏的出现，无疑又为电子游戏爱好者带来了不小的惊喜，它已经成为了电子游戏中的主力。下面就让我们一起走进网络游戏的世界。

网络游戏，简称“网游”，又称“在线游戏”。它依托于互联网，可以满足多人同时参与。网络游戏有两种存在方式，一种是必须链接到互联网上才能运行。这种形式的游戏有的需要下载相关内容或软件到客户端，有的则不需要。第二种则必须在客户端安装软件，此软件使游戏可以通过互联

▲ 网络游戏

▲ 诛仙

网同其他人联机玩，也可以脱网单机玩。

我们中的大多数人都有玩网络游戏的体验，那么，你知道网络游戏是怎么回事吗？

电子游戏大致可以分为单机游戏和网络游戏两类。而网络游戏指的是至少有一部分是在互联网上运行的游戏，网络游戏软件的主要部分运行在网络服务器上，终端用户数据也存储在服务器上。虽然一些单机游戏允许用户通过局域网或服务器进行对战游戏，也具有网络的特点，但是用户数据并不保存在服务器上。

网络游戏其实就是一种电子游戏，是人与人之间通过网络游戏程序进行对抗的一种游戏形式。它与人们通常所玩的一般电子游戏所不同，在游戏中，你的对手是同你一样的另一个玩家，不再是单一的由程序员编制的电子动画。

网络游戏的乐趣是人与人之间的对抗，而不仅是人与事先设置的各种程序的对抗，所以网络游戏比普通的电子游戏更具有生命力，更具市场性，网络游戏现在已成为一个巨大的产业，年产值几十亿美元。

目前的网络游戏产品种类主要可以分为三类：棋牌休闲类、网络对战类、角色扮演类。

棋牌类休闲网络游戏，也就是登录网络服务商提供的游戏平台后，进行双人或多人对

▲ 街头篮球

弈，如纸牌、象棋等，提供此类游戏的公司主要有腾讯、联众、新浪等。

网络对战类是玩家安装市场上销售的支持局域网对战功能游戏，通过网络中间服务器实现对战，如CS、星际争霸、魔兽争霸等。主要的网络平台有盛大、腾讯、浩方等。

角色扮演类是在网络游戏中，通过扮演某一角色、执行任务，使其提升等级，得到宝物等，如大话西游、传奇类。提供此类平台的主要有盛大等。

知识链接

字母破译

你知道，在游戏的世界里也存在许多的“行话”，对于不同的游戏，字母组合代表不同的含义，例如下面一些字母组合代表的意思是游戏中经常会遇到的。

ACT 动作游戏

AVG 冒险游戏

CAG 卡片游戏

TCG 养成类游戏

SPG 体育游戏

RCG 赛车游戏

FPS 第一人称射击游戏

PUZ 益智游戏

FTG 射击游戏

LVG 恋爱游戏

MSC 音乐游戏

RPG 角色扮演类游戏

RTS 即时战略游戏

MUD 泥巴游戏

MMORPG 大型多人在线角色扮演类游戏

7. 互联路上——不得不提的 Web

（1）最初的“Web”——静态网页

最初的 Web 主要是用于 Web 静态页面的浏览，显示的内容形式也仅限于文本格式。在早期的网站设计中，每一个网页都是以 HTML 的格式编写的，纯粹的 HTML 格式的网页通常被称为“静态网页”。由于受低版本 HTML 语言和旧式浏览器的制约，最初的网页只能包括单纯的文本内容，浏览器也只能显示呆板的文字信息，因此早期的网站一般都是由静态网页组成。

那么，静态网页都有哪些特点呢？它的特点主要有以下几点：

①静态网页每个网页都有一个固定的 URL，且网页 URL（网页地址）以 .htm、.html、.shtml 等常见形式为后缀，而不含有“？”。

②网页内容一经发布到网站服务器上，无论是否有用户访问，每个静态网页的内容都是保存在网站服务器上的。也就是说，静态网页的每个网页都是一个独立的文件，它是实实在在保存在服务器上的文件。

▲ 静态网页模板

③静态网页的内容相对稳定，因此容易被搜索引擎检索。

④静态网页的交互性较差，在功能方面有较大的限制。

⑤静态网页没有

数据库的支持，在网站制作和维护方面工作量较大，因此当网站信息量很大时完全依靠静态网页制作方式比较困难。

随着互联网技术的不断发展以及网上信息呈几何级数地增加，人们逐渐发现，手工编写包含所有信息和内容的页面对人力和物力都是一种极大的浪费，而且几乎变得难以实现。此外，采用静态页面方式建立起来的站点无法实现各种动态的交互功能，只能够简单地根据用户的请求传送现有页面，因此，静态页面也存在明显的不足。

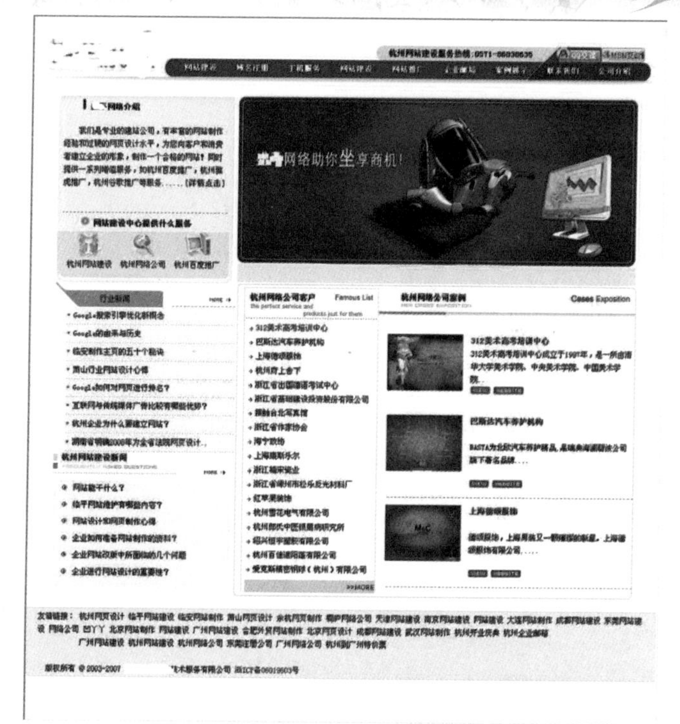

▲ 静态网页模板

首先，它无法支持后台数据库。随着网上信息量的增加，以及企业和个人希望通过网络发布产品和信息的需求的增强，人们越来越需要一种能够通过简单的 Web 页面访问服务端后台数据库的方式。这是静态页面所远远不能实现的。

其次，无法实现动态显示效果。静态页面无法根据不同的用户做不同的页面显示，所有的静态页面都是事先编写好的，是一成不变的，因此访问同一页面的用户看到的都只是相同的内容。

最后，无法有效地对站点信息进行及时的更新。用户如果需要对传统静态页面的内容和信息进行更新或修改的话，只能够采用逐一更改每个页面的方式。在互联网发展初期，网上信息较少的时代，这种做法还是可以接受的。但是现在，即使是网友们的个人站点也包含着各种各样的丰富内容，因此，一个亟待解决的问题便是如何及时、有效地更新页面信息，而静态网页对此是无能为力的。

以上这些不足之处促使 Web 技术进入了发展的第二阶段。

（2）改进后的 Web——动态网页

为了克服静态页面的不足，人们将传统单机环境下的编程技术引入互联网络与 Web 技术相结合，从而形成新的网络编程技术。网络编程技术通过在传统的静态页面中加入各种程序和逻辑控制，在网络的客户端和服务端实现了动态和个性化的交流与互动。人们将这种使用网络编程技术创建的页面称为动态页面。

动态网页与静态网页是相对应的，也就是说，网页 URL 的后缀是以 .asp、.jsp、.php、.perl、.cgi 等形式为后缀，不是 .htm、.html、 .shtml、.xml 等静态网页的常见形式。不过要

▲ 动态网页

注意，这里说的动态网页，与网页上的各种动画、滚动字幕等视觉上的“动态效果”没有直接关系，动态网页可以是包含各种动画的内容，也可以是纯文字内容的，这些只是网页具体内容的表现形式。无论网页是否具有动态效果，采用动态网站技术生成的网页都称为动态网页。

从网站浏览者的角度来看，无论是动态网页还是静态网页，都可以展示基本的文字和图片信息，但从网站开发、管理、维护的角度来看就有很大的差别。它们的区别表现在以下三个方面。

首先，动态网页以数据库技术为基础，可以大大降低网站维护的工作量；其次，采用动态网页技术的网站可以实现更多的功能，如用户注册、用户登录、用户管理、在线调查、订单管理，等等；最后，动态网页只有当用户请求时，服务器才返回一个完整的网页，它实际上并不是独立存在于服务器上的网页文件。

(3) Web2.0 简介

大家在这两年经常会听到这样一个词"Web2.0",那么什么是Web2.0呢?其实它并不是一个具体的事物，而是一个阶段，是促成这个阶段的各种技术和相关的产品服务的一个称呼，所以，我们只能说哪些技术或产品服务属于Web2.0的范畴，不能说Web2.0是什么。我们可以把第一阶段的静态文档的WWW时代称为Web1.0，把第二阶段的动态页面时代划为Web1.0的升级Web1.5。由此暗示了，第三阶段与前两个阶段有了多么大的跨越。

Web2.0是以Flickr（Web2.0应用中的一种数字照片储存分享服务）、43Things.com（分享信息服务网站）等网站为代表，以Blog（博客）、SNS（社会性网络服务）、TAG（分类）、RSS（在线共享）、WIKI（维基）等社会软件的应用为核心。

(4) web3.0

web3.0目前还没有权威的定义，总结一下大家的观点，web3.0的主要特征：

1、Web 3.0时代的网络访问速度会非常快，进入5G时代；

2、Web 3.0时代的网站会更加开放，对外提供自己的API将会是网站的基本配置；

3、Web 3.0时代的信息关联通过语义来实现，更加个性化，大众化，信息的可搜索性将更科学，准确，可靠，便捷。

Blog——博客/网志，全名应该是WebLog，后来缩写为Blog。Blog是免费的，你可以在其中迅速发布想法、与他人交流以及从事其他活动，它是一个易于使用的网站。

TAG——网摘 / 网页“书签”，起源于 Del.icio.us，是一家美国网站。自 2003 年开始提供一项叫作“社会化书签”（Social Bookmarks）的网络服务，又被称为“美味书签”（Delicious 在英文中的意思就是“美味的、有趣的”）。

SNS——社会网络，英文 Social Network Software 的缩写。社会性网络软件依据六度理论，以认识朋友的朋友为基础，扩展自己的人脉。可归纳为 blog+ 人和人之间的链接。

RSS——站点摘要，用户产生内容自动分发、订阅。RSS 是站点用来和其他站点之间共享内容的一种简易方式（也叫聚合内容）的技术。最初源自浏览器“新闻频道”的技术，现在通常被用于新闻和其他按顺序排列的网站，例如 Blog。网络用户可以在客户端借助于支持 RSS 的新闻聚合工具软件，例如 Feed Demon RSS Reader、Sharp Reader News Crawler，在不打开网站内容页面的情况下阅读支持 RSS 输出的网站内容。可见，网站提供 RSS 输出，有利于让用户发现网站内容的更新。在高速高效高质成为主流呼声的互联网时代，RSS 无疑提出了另一种看世界的方式，推动了网上信息的传播。

WIKI——百科全书，中文为“维基”，是一种多人协作的写作工具。WIKI 站点可以有多人（甚至任何访问者）维护，每个人都可以发表自己的意见，或者对共同的主题进行扩展或者探讨，可以说是用户共同建设一个大百科全书。这也反映了 Web1.0 到 Web2.0 就是由网站编辑到全民参与编辑的过程。每个用户都可以在开放的网站上通过简单的浏览器操作而拥有他们自己的数据，人们可以更加方便地进行信息获取、发布、共享以及沟通交流和群组讨论等。通过各种手段，如分类、链接等，网站能够最大限度地展示个人的作用，进而激发个人的积极性，每个人都成为了新闻或者观点的发布人。人们将社会上的东西带到Web上，使Web也有了社会性，成为了社会化网络。

知识链接

HTML

HTML是互联网上通用的用来表示一种超文件标示语言的工具，它是英文Hyper Text Markup Language的缩写。它是为了网页创建和其他可在网页浏览器中看到的信息而设计的一种语言。HTML被用来结构化信息——例如标题、段落和列表等，在一定程度上也可用来描述文档的外观和语义。现在编者可以用任何文本编辑器或所见即所得的HTML编辑器来编辑HTML文件，HTML已成为一种国际标准。

早期的HTML一般适合于不熟悉网络出版的人使用，语法定义规则相对松散。这种做法被网页浏览器所接受，在网页浏览器中可以显示语法不严格的网页。但是随着时间的流逝，HTML语法标准已经十分成熟与完善了。

8. 互通有无——电子商务

电子商务是近几年才发展起来的一种网络经商业务，是一种比较新潮的商务方式。那么，什么是电子商务呢？所谓电子商务，顾名思义，就是指在互联网上所进行的一切形式的商业活动。它通常指在全球各地广泛的商业活动中，在互联网开放的网络环境下，基于浏览服务器应用方式，买卖双方异地进行的各种商贸活动，从而实现了消费者的网上购物、商户之间的网上交易和在线支付等，它是一种新型的商业运营模式。

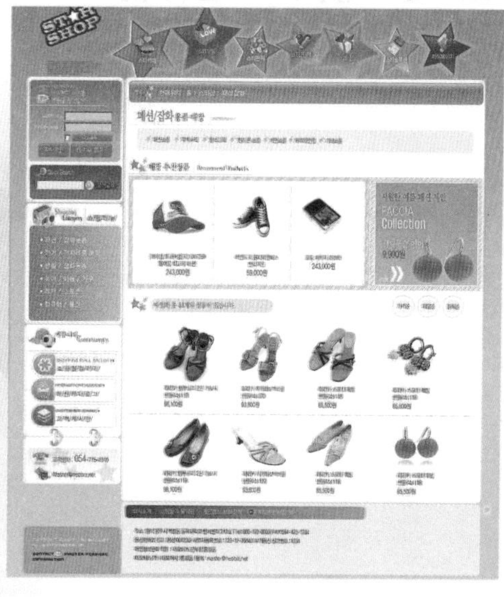

▲ 电子商务网站

电子商务指利用电子计算机技术、网络技术和远程通信技术，实现整个商务（买卖）过程中的电子化、数字化和网络化。它的主要功能包括网上广告、订货、付款、货物递交、客户服务等售前、销售和售后服务，同时也包括市场调研、财务会计及生产安排等多项商业活动。利用互联网技术来传输和处理商业信息是电子商务的一个重要的技术特征。

电子商务根据利用网络的程度不同有广义和狭义之分。广义的电子商务涵盖了利用互联网进行的全部商业活动，例如市场分析、客户联系以及物资调配等，也可以称为电子商业。而狭义的电子商务主要是指那些利用互联网提供的通信手段在网上进行的交易，也称为电子交易。

电子商务涵盖的范围很广，一般可以分为企业对企业的电子商务关系，或企业对消费者的电子商务关系两种，另外还有消费者对消费者的电子商务关系。随着互联网用户的不断增加，电子商务网站也如雨后春笋般地多了起来，利用互联网进行网络购物、网络支付的消费方式越来越流行。

（1）电子商务的基本模式

互联网上的商业交易跟传统的一样，同样涉及两个主体，买家和卖家。充当这两个主体的既可以是商人或企业，也可以是一般的消费者。于是在商家和消费者之间，形成了三种典型的商业模式，也就是企业对企业模式、企业对个人模式、个人对个人模式。

①企业对企业模式

企业对企业模式也被称为“B2B”，指的是商家对商家，或者企业对企业的电子商务模式，也就是企业与企业之间通过互联网进行产品、服务和信息的交换。

B2B有两种基本的方式，一种是企业间直接进行的垂直的电子商务关系，比如生产商或商业零售商与上游的供应商之间形成的在线采购关系和在线供货关系。另一种是面向中间贸易市场的B2B，一般要通过第三方的电子商务网站平台进行的比较集中的网上商务贸易活动。著名的电子商务网站阿里巴巴就是一个B2B的电子商务平台。各类企业可以通过阿里巴巴进行企业间的网上贸易活动，通过阿里巴巴，你可以快速地发布和查询供求信息、同客户或卖家进行在线交流和商务洽谈等。

②企业对个人模式

企业对个人模式被称为“B2C”，例如从卓越网上买一款新型的数码相机，从当当网上购买一本畅销书，这都是“B2C”行为的体现。企业通过互联网为消费者提供一个新型的购物环境——网上商城，消费者可以通过互联网在相应的网店进行选购。在网上商城，根据网站上给出的产品图片和文字信息，你可以快速地分门别类地浏览商品，快速地对商品的属性加以了解，对一系列商品做横向的比较，货比三家之后，你就可以选出称心如意的商品了。网

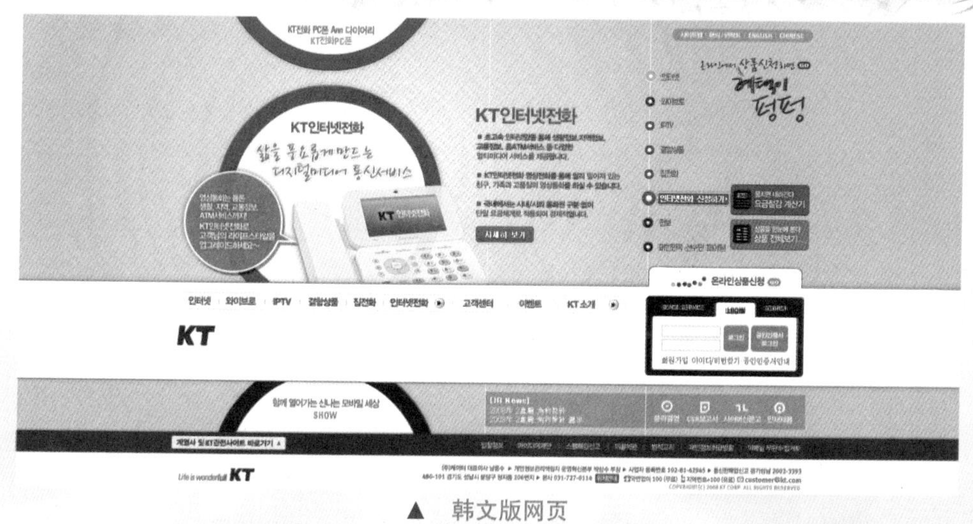

▲ 韩文版网页

上商城都配备有网上支付系统，你可以真正地足不出户地体验购物的快乐。网上购物省时省力，非常方便。

不过并不是所有的商品在网上的销售都会很火爆，消费者目前比较认可的是图书、数码产品以及玩具等，这些产品对视、听、触、嗅等感觉体验要求较低，便于网上购买。而音响设备、护肤品和化妆品等商品，都需要消费者的特定感官体验才能购买，因此在网上的销路不是很好。虽然互联网在电子商务领域的应用越来越广泛，但是由于我国对于网络产品的质量监督尚不完善，网上商店的信用显得很重要。

③个人对个人模式

在这个模式中，卖家是个人，买家也是个人，他们通过互联网进行网上交易。个人对个人模式中，最为大家所熟悉的恐怕就是淘宝网了。它采用个人对个人的网上交易，属于第三方电子商务网站平台。这种商务活动完全是由提供商品的销售者与需求商品的消费者进行商务活动，没有职业商人的参与，他们在淘宝网一系列规范规则的监督下达成协议。

（2）流行风——淘宝网店

“今天你淘了吗？”这一流行语很快在朋友当中传播开来，足见淘宝是多么受年轻人欢迎。目前，已经有很多淘友注册了淘宝会员，成为会员后的他们在购买商品时可以享受更多折扣。其实，在这种商业模式中，受益最大的是卖家。

你是不是也想要拥有自己的淘宝店铺呢？如果你还不知道怎样才能开店，也不要担心，我们会带你一起去体验如何开网店的过程。

第一步准备工作：

1. 登录到淘宝网站 www.taobao.com，注册成淘宝会员。

2. 再到淘宝网站下载“阿里旺旺”软件，安装到电脑上。

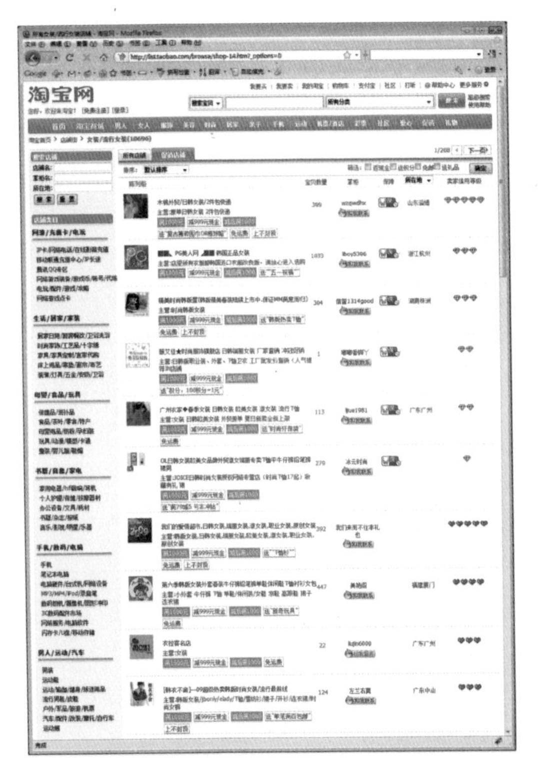

▲ 淘宝网

第二步进行实名认证：

1. 进入阿里旺旺的“发布宝贝”后，网页上出现上图，点击“实名认证”按钮。

2. 点击“实名认证”按钮后，在新的页面中按要求填写相关信息，最后点击“保存并立即启用支付宝账号”。

第三步开店：

1. 发布宝贝

（1）进入旺旺里的“发布宝贝”后，选择商品所属的种类和子种类。

（2）点击“确定”按钮后在弹出的页面中，按要求填完整。

2. 店铺装修

（1）进入“我的淘宝”→“管理我的店铺”。

（2）分好“宝贝分类”。

（3）在“基本设置”里，填好“店铺名称”“主营项目”“公告”，上传自己喜欢的“店标”。

（4）选择自己喜欢的“店铺风格”，写好“店铺介绍”。

（5）推荐6件自己觉得好的宝贝。

经过以上这几个步骤之后，淘宝网店就注册成功了，这样，就可以在你的网店里正式营业了。有了属于自己的淘宝网店，你就可以在上面打理你的生意。你的商品可以是自己的小手工制品，也可以是其他批发来的商品。电子商务中个人对个人的模式的特点是大众化，每个人只要在淘宝网上简单注册就可以参与网上交易。

知识链接

对称通信

对称通信是相对于非对称通信而言的，例如上面介绍的用调制解调器上网的Modem方式就是非对称通信。非对称通信一词可以指电信线路中任何一个上下行线路速率不一致的系统。假设有一种通信系统，下行线路（从网络到用户）采用宽带卫星通信线路，上行线路（从用户到网络）采用电话线路，上下行线路速度相差很大，这种系统就是一种非对称通信的例子。这种系统的下行速率可以达到1Mbps，上行线路却仅仅有56K。

9. 方寸之间，书读万卷——数字图书馆

欧盟于 2008 年 11 月推出了欧盟数字图书馆，将欧洲各个国家图书馆和国家画廊中的数百万部书、画、手稿、地图、胶片以及音频、视频数字化了。这个项目极其受欢迎，在开放当天，网站因为访问量过大，导致了系统瘫痪，而不得不被迫关闭进行维护。这个网站的文物图片来自近 1000 家机构，预计到 2010 年，它的展品将超过 1000 万件。

数字图书馆颠覆了我们传统上对于图书馆的认识。它不再是我们想象中的高大雄伟的建筑、一排一排密密麻麻的书架和海量的书籍。数字图书馆是用数字技术处理和储存各种图文并茂文献的电子图书馆，实质上是一种多媒体制作的分布式信息系统。它把各种不同的载体、不同地理位置的信息资源用数字技术存储，以便于跨越区域、面向对象的网络查询和传播。它涉及到信息资源整理、存储、检索、传输和利用的全过程。

数字图书馆是一个虚拟的信息空间，并不依赖于任何传统形式上的图书馆的物理实体。数字图书馆是收集或创建数字化馆藏，把各种文件替换成能使计算机识别的二进制系列图像，在安全保护、访问许可和记账服务等完善的权限处理之下，经授权的信息利用互联网的发布技术在全球的范围内实现共享。数字图书馆的建立使人们通过网络尽可能地获取自己所需的信息，可以不受时间和空间的限制，大大提高了网络资源的利用率。

（1）世界数字图书馆发展背景

美国是最早提出数字图书馆概念的国家，并且是在这方面取得较大成绩的国家。美国人提出数

▲ 传统图书馆

字图书馆的概念，并把它提升到国家级战略的高度，受到了相当大的重视。美国从 20 世纪 90 年代初就把数字图书馆作为新兴的有发展潜力的重要研究领域，并把数字图书馆研究纳入克林顿政府所倡导的国家信息基础设施计划（NII）。在这一理念的指导下，美国建成了第一座数字图书馆。在 1991 年，美国俄亥俄州政府计划投资 2500 万美元建立州内图书馆网络中心，该网络定名为“Ohio Link”。1992 年，美国联邦政府又提出了“信息基础建设与科技法案”，将发展数字图书馆列为“国家级挑战”项目之一。2002 年美国国家科学基金会开发了一款内容涵盖技术、工程和数学等诸多方面的大型网上数字图书馆 NSDL。同年 11 月，美国麻省理工学院正式启动新型多媒体数字图书馆系统，现在已经成为世界其他高校搜集、保存和利用电子化科研成果的样板。

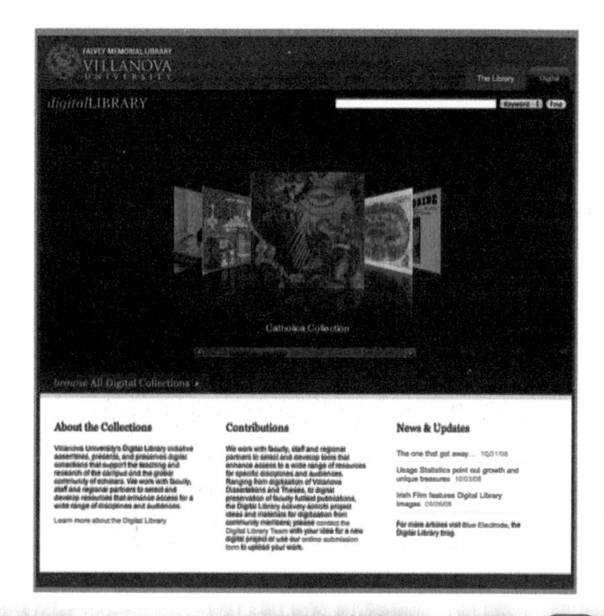

▲ 数字图书馆

美国的做法引起国际社会的高度重视，许多国家如英国、法国、日本、德国、意大利等发达国家以及亚洲的新加坡、韩国也不甘落后，先后提出各自的数字图书馆计划，并纷纷投入巨额资金加以实施，期望与美国进行抗衡。

（2）中国的数字图书馆发展

由于受世界数字图书馆发展的影响，中国也奋起直追，中国真正的数字图书馆的建设始于20世纪90年代中期。国家图书馆从1996年开始研究数字图书馆的技术并进行了相关实践。文化部于1998年提出了建设“中国数字图书馆工程”的构想，并将它列入“863”计划和国家“十五”重点项目。北京大学图书馆2000年开展系统化有组织的数字图书馆研究和实践活动。我国的数字图书馆在2000年以前并没有进入大规模实用化阶段，基本停留在理论探讨和实验摸索阶段，直到2001年才开始得到了真正的发展。目前我国政府非常重视数字图书馆工程的建设，并将数字图书馆纳入了国家发展战略，数字图书馆作为中国数字化建设的重要内容，越来越受到社会的关注。目前我国已经开通的数字图书馆中影响比较大的有超星数字图书馆（www.ssreader.com）、书生之家数字图书馆（www.21DMedia.com）、中国数字图书馆（www.d-library.com.cn），等等。数字图书馆的总数达200家之多。另外，许多大学图书馆也开通了数字图书馆业务，不同程度地开展数字图书馆的实践，逐步把一些有特色的资源数字化或将各类数字资源整理上网并提供服务。此外，IT行业的一些专业公司也同样在推动与促进数字图书馆的发展。迄今为止，在对数字图书馆的认识、理论研究、关

▲ 中国国家图书馆

键技术准备等方面，我国都取得了很大的进展，一些数字图书馆已初具规模。

数字化图书馆成为新的发展趋势已成为必然，越来越多的单位参与到数字图书馆的建设大潮中，众多数字图书馆的开通繁荣了我国数字图书馆市场。但是，问题也随之而来。由于理念和思路的不同，再加上市场竞争的关系，各家数字图书馆的模式也有很大的不同。这些目前使用的数字化图书馆数字化标准格式不统一，各自独立，相互之间不兼容。这样，兼容性问题成为数字图书馆发展中亟待解决的问题，已经提到数字图书馆建设的议事日程上。

（3）中国数字图书馆建设中的不足

虽然，目前的中国数字图书馆发展势头良好，但是问题依然是存在的，例如在以下几个方面就存在不足。

①多媒体信息建设呼唤统一的标准。技术标准的草拟应该由信息产业界、图书情报界以及与标准相关的国内软件开发商共同参与，同时开发一批建立在这些标准基础上的软件系统。

②信息资源有待建设。数字图书馆需要把文本、声频、视频等各种信息资源数字化处理后整理入库，这本身就是一个浩大的工程。

③存储与压缩有待建设。数字图书馆面临的数据是多种类型的、海量的，因此，对多媒体数据必须进行压缩，然后保存在数据库中，以降低库的成本，使库的规模保持在可管理的范围内。

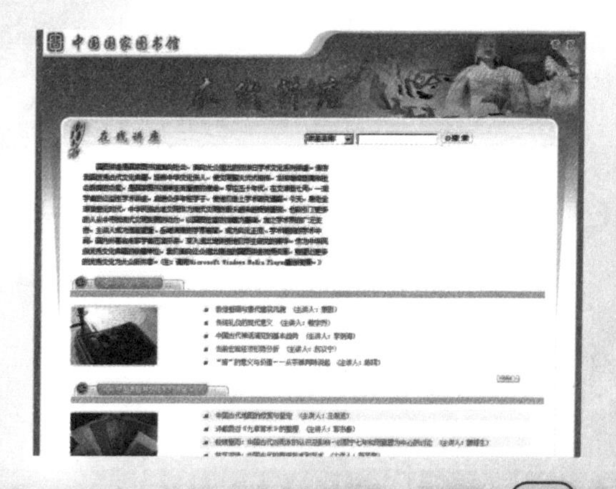

④分类、索引、检索存在缺点。海量数据的搜索效率与速度是系统面临的

最大挑战，其中包括中文搜索、图像搜索、语音搜索、智能搜索。如果索引方法和分类标准不统一，将会出现针对不同的分类方法制作不同的搜索工具的混乱局面。

⑤多语言问题，包括机器翻译问题、多语言浏览器问题。

⑥工具与平台存在缺点，包括总体结构标准、软构件技术、信息录入工具、搜索工具、知识挖掘工具等方面。

⑦网络安全体系存在问题。必须有完备的认证管理、安全防范等措施，才能保证严格有效地防止外来非法用户的入侵，并且具有系统的、智能的安全切换与报警。

总的来说，数字图书馆是一项投资巨大的系统工程，是国家信息基础设施的重要组成部分，现在已成为评价一个国家信息基础水平的重要标志和本世纪各国文化科技竞争的标准之一。由于我国数字图书馆的研发起步较晚，因此，建设数字图书馆更加具有必要性和紧迫性。

我国数字图书馆建设的核心是以中文信息为主的各种信息资源。它将迅速扭转互联网上中文信息匮乏的状况，形成中华文化在互联网上的整体优势。数字图书馆的建设将促进我国信息技术的发展，带动与之相关的计算机技术、网络技术、通信技术和多媒体技术等各项高新技术迅速发展，使我国在综合国力的竞争中掌握发展的主动权，抢占先机，实现跨越式发展。

一个完善的数字图书馆应该是以统一的标准和规范为基础、以数字化的各种信息为承载，以分布式海量资源库群为支撑，以电子商务为管理方式，以智能检索技术为途径，借助网络环境和高性能计算机等实现信息资源的有效利用和共享，将丰富多彩的多媒体信息传递到千家万户，达到最大限度地突破时空限制。

知识链接

走近超星

我们要介绍的超星并不是活动在天上的星星，而是一个数字图书馆的名字。它就是北京世纪超星信息技术有限责任公司（简称世纪超星），它成立于2000年，同时与广东图书馆合作，正式开通了超星阅览器平台。2000年6月，超星数字图书馆是图书馆数字化的国家标准，入选“国家863计划数字图书馆示范工程”。世纪超星是中国乃至世界上数字图书馆建设的基本模式之一，它成功地开发出拥有自主知识产权的数字图书馆的整套解决方案。

你知道怎样使用超星阅览器查阅数字图书吗?

首先，可以到 http：//www.ssreader.com/downland_index.asp 中下载超星浏览器，启动此浏览器，你将进入超星数字图书馆的首页。

其次，点击左侧选项卡上的“资源”，进入“数字图书馆”。

再次，在数字图书馆的子目录中选定想要查看的资源。在这个页面里，你可以根据分类方便地查找到你想要的目的资源。如要查找《茅盾全集》的资料，你可以依次选择文学——《茅盾全集》。

最后，双击打开所选定的目的资源，页面将自动跳转至目的资源页面。这时你可以选择“阅览器阅读”或“IE 阅读”，就可实现在线阅读。

另外，世纪超星在线阅读是有页数限制的，因为必须保护知识产权，维护著作权人的利益。如果想不受限制地自由阅读，则需要注册成世纪超星的会员，花费一定的费用。

10. 老少皆宜——网络语言

（1）网络语言

网络语言是伴随着网络的发展而新产生的一种有别于传统平面媒介的语言形式。它以简洁、生动、形象、实用而得到了广大网友的偏爱，而且发展神速。目前正在广泛使用的网络语言版本是“浮云水版”。网络语言包括拼音或者英文字母的缩写。含有某种特定意义的数字以及形象生动的网络动画和图片，起初主要是网虫们为了提高网上聊天的效率或某种特定的需要而使用的方式，久而久之就形成特定网络语言了。网络上产生的新词汇主要取决于它自身的生命力，如果那些充满活力的网络语言能够经得起时间的考验，约定俗成后就容易被网友接受。

（2）网络语言特点

网络语言词素的组成是以字词为主，越来越多的英文字母和数字还有少量图形加入其中。除了汉语中原有的词语外，大量的新兴字词参与其中。同时网络也演变了一些词义，或扩大或转移，或变化其情感色彩。这些词语都是新兴网络语言中的重要生力军，若不懂得这些词语，那就成了网络中的文盲——网盲了。如“这样子”被说成“酱紫”，不说“版主”说“斑竹”；“555”是哭的意思，“886”代表再见（拜拜喽），这些大多都是与汉语的发音相似引申而来的；还有 BBS、BLOG、PK（VS 的升级版，即 player killing）等大量的英文缩写或音译词。除此之外还有用：-）表示微笑，用 *（）* 表示脸红等。由网络写手新创或约定俗成。

这类语言的出现与传播主要寄生于网络人群，还有为数不少的手机用户。Chat 里经常出现的如：“恐龙、美眉、霉女、青蛙、菌男、东东”等网络语言，BBS 里也常会出现如：“隔壁、楼上、楼下、楼主、潜水、灌水”等“专业”词汇。QQ 聊天中有丰富生动的表情图表，如一个挥动的手代表“再见”，冒气的杯子表示“喝茶”；手机短信中也使用“近似方言词”，如“冷松”（西北方言，音 lěng sóng，意为“竭尽”），等等。

网络语言一直在不停地丰富和淘汰中发展着，如果留意和总结一下近几年人们在表示愤怒时常说的词语就会发现一条清晰的演化路线。

（3）网络语言的类型

①数字型：一般是谐音，例如 9494= 就是、就是；7456= 气死我了；555~~~~= 呜呜呜……；886= 拜拜了；

②翻译型：其实此类在语言学上很常见，就是一些常用外来语，一般根据原文的发音，找合适的汉字来代替，例如，“伊妹儿”=e-mail；“瘟都死”=Windows；“荡”=Download，下载；

③字母型：造词方法分三种。

一是谐音，以单纯字母的发音代替原有的汉字，例如 MM= 妹妹，PP= 漂漂（现在叠音词因为其发音的重复性，给人以可爱之感，目前尤为流行），也就是漂亮的意思，E 文 = 英文，S= 死。还有一些在英文里经常用到的（目前书面语也渐趋口语化）：u=you，r=are。

二是缩写，有汉语拼音缩写如 JS= 奸商；KFS= 开发商；BT= 变态；GG= 哥哥；M M = 美眉（泛指美女）。

三是英文缩写，这个在语言学上也比较常见，如 BBS= 电子公告牌系统；OMG=Oh My God；BTW=By The Way；还有比较特殊的通过象形的方法创造的，比如 orz = 拜倒小人，这个也可以归到符号型中，但主要是英文字母做成的，与使用标点符号做成的符号型网络语言有一些区别。

④符号型：这类网络用语多以简单符号表示某种特定表情或文字，以表情居多。如“--”表示一个“无语”的表情；“O.O”表示“惊讶”的表情；“TT”表示“流泪”的表情；“|||”表示“汗”。这种表情型符号起源于日本漫画，后演变为漫画杂志中常出现的文字符号。成为网络语言后出现了更多形式。符号表示文字的多与谐音有关：

如：“=”表示“等”

“o”表示“哦”

“**”表示不雅语言

o（∩_∩）o...^_^表示高兴的心情

╭∩╮（︶︿︶）╭∩╮表示鄙视你！

⑤其他类型（谐音、字母、英文、数字等组合形成）

在网络上还有许多这样常见的词汇，比如：

美眉——漂亮的女生

BT——变态

PMP——拍马屁

菜鸟——差劲的新手

61——拉倒

286——落伍

748——去死吧

7758851314520——亲亲我抱抱我一生一世我爱你

OUT——老土

和谐——就是屏蔽，删除

被无数蚊子咬了不叫被无数蚊子咬了，叫——~~~ 新蚊连啵

王道：相当于“权威、真理”之意。

Y——为什么

坛子——论坛，驴友——旅友的谐音，喜欢旅游的人，一般指背包一族；

人不叫人，叫——银；无奈——囧（表情）；MS——貌似；特——他；无语——= =||；－－||

我不叫我，叫——偶

蟑螂不叫蟑螂，叫——小强

不要不叫不要，叫——表

这样子不叫这样子，叫——酱紫

好不叫好，叫——女子

强不叫强，叫——弓虽

同意不叫同意，叫——顶

吃惊不叫吃惊，叫——寒

滚不叫滚，叫——哥屋恩

fans 不叫 fans，叫——粉丝

BF= 男朋友

sg= 帅哥（帅锅）

3q=thank you，谢谢你

bb= 抱抱

pf= 佩服

lr= 烂人

tk= 偷窥

zz= 转载

RB= 烧烤或 RB 音乐

年轻人不叫年轻人，叫——小 P 孩

什么不叫什么，叫——虾米

喜欢不叫喜欢，叫——稀饭

惭愧不叫惭愧，叫——汗

非常不叫非常，叫——灰常

纸牌游戏不叫纸牌游戏，叫——杀人

RPWT= 人品问题

GF= 女朋友

pm= 短消息

bc= 白痴

bd= 笨蛋

pk= 单挑 or 群挑

RP= 人品

zt= 转贴

PP= 图片（通常在帖子里面用到）

云概念

云计算是基于互联网的相关服务的增加、使用和交付模式，通常涉及通过互联网来提供动态易扩展且经常是虚拟化的资源。

美国研究院的定义：云计算是一种按使用量付费的模式，这种模式提供可用的、便捷的、按需的网络访问，进入可配置的计算资源共享池（资源包括网络，服务器，存储，应用软件，服务），这些资源能够被快速提供，只需投入很少的管理工作，或与服务供应商进行很少的交互。

特点

云计算是通过使计算分布在大量的分布式计算机上，而非本地计算机或远程服务器中，企业数据中心的运行将与互联网更相似。这使得企业能够将资源切换到需要的应用上，根据需求访问计算机和存储系统。

好比是从古老的单台发电机模式转向了电厂集中供电的模式。它意味着计算能力也可以作为一种商品进行流通，就像煤气、水电一样，取用方便，费用低廉。最大的不同在于，它是通过互联网进行传输的。

被普遍接受的云计算特点如下：

（1）超大规模

“云”具有相当的规模，通常有几十万台服务器。企业私有云一般拥有数百上千台服务器。“云”能赋予用户前所未有的计算能力。

（2）虚拟化

云计算支持用户在任意位置、使用各种终端获取应用服务。所请求的资源来自“云”，而不是固定的有形的实体。应用在“云”中某处运行，但实际上用户无需了解、也不用担心应用运行的具体位置。只需要一台笔记本或者一个手机，就可以通过网络服务来实现我们需要的一切，甚至包括超级计算这样的任务。

（3）高可靠性

“云”使用了数据多副本容错、计算节点同构可互换等措施来保障服务的高可靠性，使用云计算比使用本地计算机可靠。

（4）通用性

云计算不针对特定的应用，在“云”的支撑下可以构造出千变万化的应用，同一个“云”可以同时支撑不同的应用运行。

（5）高可扩展性

“云”的规模可以动态伸缩，满足应用和用户规模增长的需要。

（6）按需服务

“云”是一个庞大的资源池，你按需购买；云可以像自来水，电，煤气那样计费。

（7）极其廉价

由于“云”的特殊容错措施可以采用极其廉价的节点来构成云，“云”的自动化集中式管理使大量企业无需负担日益高昂的数据中心管理成本，“云”的通用性使资源的利用率较之传统系统大幅提升，因此用户可以充分享受“云”的低成本优势。

云计算可以彻底改变人们未来的生活，但同时也要重视环境问题，这样才能真正为人类进步做贡献，而不是简单的技术提升。

（8）潜在的危险性

云计算服务除了提供计算服务外，还必然提供了存储服务。但是云计算服务当前垄断在私人机构（企业）手中，而他们仅仅能够提供商业信用。政府机构、商业机构（特别像银行这样持有敏感数据的商业机构）对于选择云计算服务应保持足够的警惕。一旦商业用户大规模使用私人机构提供的云计算服务，无论其技术优势有多强，都不可避免地让这些私人机构以“数据（信息）”的重要性挟制整个社会。对于信息社会而言，“信息”是至关重要的。另一方面，云计算中的数据对于数据所有者以外的其他用户云计算用户是保密的，但是对于提供云计算的商业机构而言确实毫无秘密可言。所有这些潜在的危险，是商业机构和政府机构选择云计算服务、特别是国外机构提供的云计算服务时，不得不考虑的一个重要的前提。

演化

云计算主要经历了四个阶段才发展到现在这样比较成熟的水平，这四个阶段是：电厂模式、效用计算、网格计算和云计算。

应用

云物联

“物联网就是物物相连的互联网”。这有两层意思：第一，物联网的核心和基础仍然是互联网，是在互联网基础上的延伸和扩展的网

络；第二，其用户端延伸和扩展到了任何物品与物品之间，进行信息交换和通信。

物联网的两种业务模式：

1.MAI（M2M Application Integration），内部 MaaS；

2.MaaS（M2M As A Service），MMO,Multi-Tenants（多租户模型）。

随着物联网业务量的增加，对数据存储和计算量的需求将带来对“云计算”能力的要求：

1. 云计算：从计算中心到数据中心在物联网的初级阶段，PoP 即可满足需求；

2. 在物联网高级阶段，可能出现 MVNO/MMO 营运商（国外已存在多年），需要虚拟化云计算技术，SOA 等技术的结合实现互联网的广泛服务。

云安全

“云安全”通过网状的大量客户端对网络中软件异常行为的监测，获取互联网中木马、恶意程序的最新信息，推送到 Server 端进行自动分析和处理，再把病毒和木马的解决方案分发到每一个客户端。

云存储

云存储是指通过集群应用、网格技术或分布式文件系统等功能，将网络中大量各种不同类型的存储设备通过应用软件集合起来协同工作，共同对外提供数据存储和业务访问功能的一个系统。当云计算系统运算和处理的核心是大量数据的存储和管理时，云计算系统中就需要配置大量的存储设备，那么云计算系统就转变成为一个云存储系统，所以云存储是一个以数据存储和管理为核心的云计算系统。

云游戏

云游戏是以云计算为基础的游戏方式，在云游戏的运行模式下，所有游戏都在服务器端运行，并将渲染完毕后的游戏画面压缩后通过网络传送给用户。在客户端，用户的游戏设备不需要任何高端处理器和显卡，只需要基本的视频解压能力就可以了。未来，你可以想象一台掌机和一台家用机拥有同样的画面，家用机和我们今天用的机顶盒一样简单，甚至家用机可以取代电视的机顶盒而成为次时代的电视收看方式。

云计算

从技术上看，大数据与云计算的关系就像一枚硬币的正反面一样密不可分。大数据必然无法用单台的计算机进行处理，必须采用分布式计算架构。它的特色在于对海量数据的挖掘，但它必须依托云计算的分布式处理、分布式数据库、云存储和虚拟化技术。

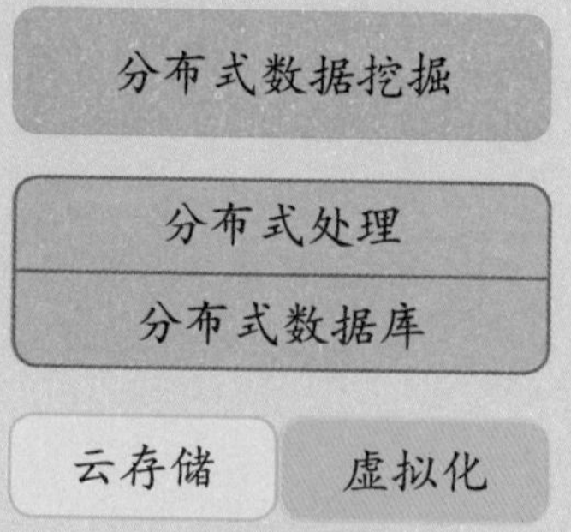

分布式数据挖掘

分布式处理

分布式数据库

云存储 虚拟化

▲ 云计算与大数据

技　术

1. 编程模式

2. 海量数据分布存储技术

3. 海量数据管理技术

4. 虚拟化技术

5. 云计算平台管理技术

云计算草案形成

2014中国国际云计算技术和应用展览会于2014年3月4日在北京开幕，工信部软件服务业司司长陈伟在会上透露，云计算综合标准化技术体系已形成草案。

工信部要从五方面促进云计算快速发展：

一是要加强规划引导和合理布局，统筹规划全国云计算基础设施建设和云计算服务产业的发展；

二是要加强关键核心技术研发，创新云计算服务模式，支持超大规模云计算操作系统，核心芯片等基础技术的研发推动产业化；

三是要面向具有迫切应用需求的重点领域，以大型云计算平台建设和重要行业试点示范、应用带动产业链上下游的协调发展；

四是要加强网络基础设施建设；

五是要加强标准体系建设，组织开展云计算以及服务的标准制定工作，构建云计算标准体系。

11. 卫星通信

卫星通信就是地球上的无线电通信站间利用卫星作为媒介而进行传输的通信。卫星通信系统由卫星和地球站两个部分组成。卫星通信的特点是：通信范围大；只要在卫星发射的电波所覆盖的范围内，从任何两点之间都可进行通信；不受陆地灾害的影响；只要设置地球站电路即可开通；同时可在多处接收，能实现广播、多址通信；电路设置灵活，可随时分散集中的话务量；同一信道可用于不同方向或不同区间。

卫星通信的原理是利用人造地球卫星作为中继站来转发无线电波，从而实现两个或多个地球站之间的通信。

人造地球卫星根据对无线电信号放大的有无、转发功能，分为有源人造地球卫星和无源人造地球卫星。由于无源人造地球卫星反射下来的信号太弱无实用价值，于是人们致力于研究具有放大、变频转发功能的有源人造地球卫星——通信卫星来实现卫星通信。其中绕地球赤道运行的周期与地球自转周期相等的同步卫星具有优越性能，利用同步卫星的通信已成为主要的卫星通信方式。不在地球同步轨道上运行的低轨卫星多在卫星移动通信中应用。

同步卫星通信是在地球赤道上空约 36 000km 的太空中围绕地球的圆形轨道上运行的通信卫星，其绕地球运行周期为 1 恒星日，与地球自转同步，因而与地球之间处于相对状态，故称为静止卫星、固定卫星或同步卫星，其运行轨道称为地球同步轨道。

在地面上用微波接力通信系统进行的通信，是接力转接。利用通信卫星进行中继，地面距离长达 1 万多 km 的通信，经通信卫星 1 跳即可连通（由地至星，再由星至地为1跳，含两次中继），而电波传输的中继距离约为4万公里。

大家知道，卫星通信的历史很短，利用地球同步轨道上的人造地球卫星作为中继站进行地球上通信的设想是1945年英国物理学家A.C.克拉克在《无线电世界》杂志上发表“地球外的中继”一文中提出的，并在20世纪60年代成为现实。

同步卫星问世以前，曾用各种低轨道卫星进行了科学试验及通信。世界上第一颗人造卫星“卫星1号”由苏联于1957年10月4日发射成功，并绕地球运行，地球上首次收到从人造卫星上发来的电波。

世界上第一颗同步通信卫星是1963年7月美国宇航局发射的“同步2号”卫星，是世界上第一颗静止卫星。1964年10月经该星转播了日本东京奥林

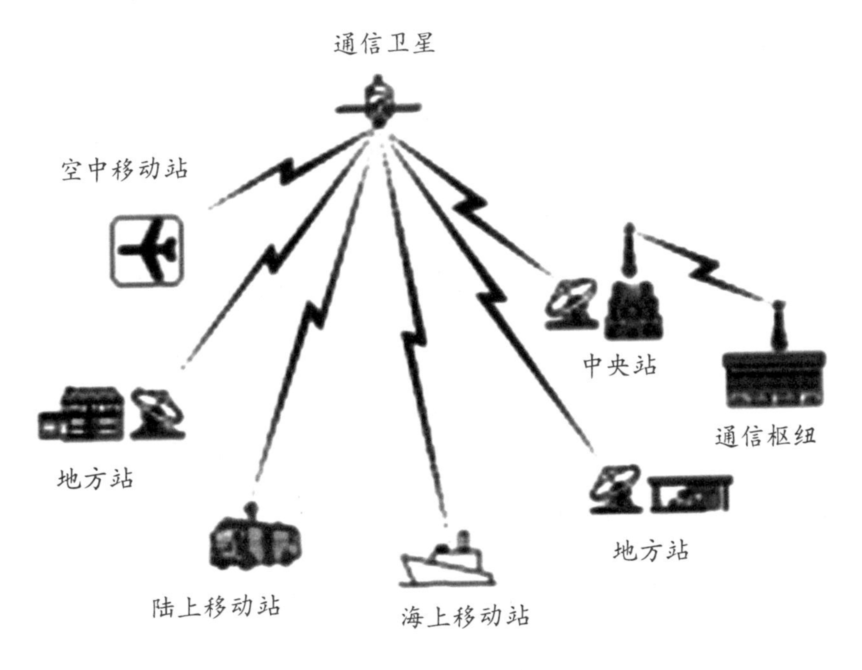

▲ 卫星通信示意图

匹克运动会的实况。从此卫星通信进入了千家万户。

全球覆盖的固定卫星通信业务，轨道高度大约为36 000km，成圆形轨道，只要三颗相隔120° 的均匀分布卫星，就可以覆盖全球。

卫星在空中起中继站的作用，即把地球站发上来的电磁波放大后再反送回另一地球站。地球站则是卫星系统形成的链路。由于静止卫星在赤道上空36 000km，它绕地球一周时间恰好与地球自转一周（23小时56分4秒）一致，从地面看上去如同静止不动一样。三颗相距120度的卫星就能覆盖整个赤道圆周。故卫星通信易于实现越洋和洲际通信。最适合卫星通信的频率是1–10GHz频段，即微波频段。为了满足越来越多的需求，已开始研究应用新的频段，如12GHz,14GHz,20GHz及30GHz。

移动卫星通信

海事卫星通信系统Inmarsat是全球覆盖的移动卫星通信，工作的为第三代海事通信卫星，它们分布在大西洋东区和西区、印度洋区和太平洋区。第四代Inmarsat–4卫星，已于2005年3月发射了第一颗卫星，另一颗卫星亦准备发射，它们分别定点在64° E和53° W，具有一个全球波束，IP个宽点波束，228个窄点波束，采用数字信号处理器。有信道选择和波束成形功能。

全球覆盖的低轨道移动通信卫星有“铱星”（Iridium）和全球星（Globalstar），“铱星”系统有66颗星，分成6个轨道，每个轨道有11颗卫星，轨道高度为765km，卫星之间、卫星与网关和系统控制中心之间的链路采用ka波段，卫星与用户间链路采用L波段。2005年6月底铱星用户达12.7万户，在卡特里娜飓风灾害时“铱星”业务流量增加30倍，卫星电话通信量增加5倍。

全球星有48颗卫星组成，分布在8个圆形倾斜轨道平面内，轨道高度为1 389km，倾角为52度。用户数逐年稳定增长，成本下降。

多址联接的意思就是同一个卫星转发器可以联接多个地球站。多址技术是根据信号的特征来分割信号和识别信号，信号通常具有频率、时间、空间等特征。卫星通信常用的多址联接方式有频分多址联接（FDMA）、时分多址联接（TDMA）、码分多址联接（CDMA）和空分多址联接（SDMA）。另外频率再用技术亦是一种多址方式。

在微波频带，整个通信卫星的工作频带约有500MHz宽度。为了便于放大和发射及减少变调干扰，一般在卫星上设置若干个转发器。每个转发器的工作频带宽度为36MHz或72MHz的卫星通信多采用频分多址技术，不同的地球站占用不同的频率，即采用不同的载波。它对于点对点大容量的通信比较适合。已逐渐采用时分多址技术，即每一地球站占用同一频带，但占用不同的时隙，它比频分多址有一系列优点，如不会产生互调干扰，不需用上下变频把各地球站信号分开，适合数字通信，可根据业务量的变化按需分配，可采用数字话音插空等新技术，使容量增加5倍。另一种多址技术是码分多址（CDMA），即不同的地球站占用同一频率和同一时间，但有不同的随机码来区分不同的地址。它采用了扩展频谱通信技术，具有抗干扰能力强，有较好的保密通信能力，可灵活调度话路等优点。其缺点是频谱利用率较低。它比较适合于容量小，分布广，有一定保密要求的系统使用。

卫星通信系统包括通信和保障通信的全部设备。一般由空间分系统、通信地球站、跟踪遥测及指令分系统和监控管理分系统等四部分组成，如下图：

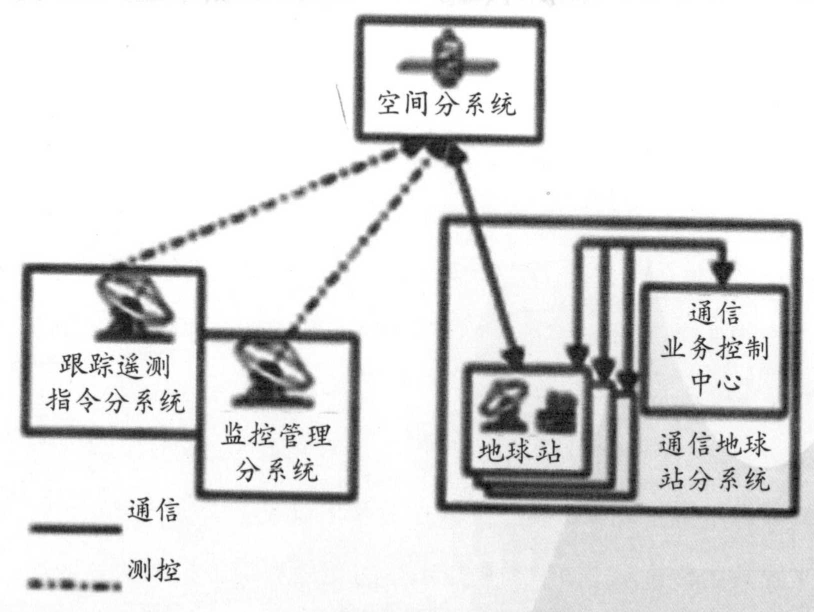

▲ 卫星通信系统的基本组成

（1）跟踪遥测及指令分系统

跟踪遥测及指令分系统负责对卫星进行跟踪测量，控制其准确进入静止轨道上的指定位置。待卫星正常运行后，要定期对卫星进行轨道位置修正和姿态保持。

（2）监控管理分系统

监控管理分系统负责对定点的卫星在业务开通前、后进行通信性能的检测和控制，例如卫星转发器功率、卫星天线增益以及各地球站发射的功率、射频频率和带宽等基本通信参数进行监控，以保证正常通信。

（3）空间分系统（通信卫星）

通信卫星主要包括通信系统、遥测指令装置、控制系统和电源装置（包括太阳能电池和蓄电池）等几个部分。

通信系统是通信卫星上的主体，它主要包括一个或多个转发器，每个转发器能同时接收和转发多个地球站的信号，从而起到中继站的作用。

（4）通信地球站

通信地球站是微波无线电收、发信站，用户通过它接入卫星线路，进行通信。

卫星通信方式卫星通信系统传输或分配信息时所采用的工作方式称为卫星通信方式。

国际卫星通信已由以模拟频分方式为主，转向以数字时分方式为主。数字卫星通信方式有120Mbit/s的数字话音插空（DSI）的时分多址（TDMA/DSI），或不加话音插空（DNI）的时分多址，以及星上交换时分多址（SS-TDMA）；还有大量的以2.048Mbit/s、1.544Mbit/s为主的卫星数字信道（IDR）方式，加数字电路复用设备（DCME）一般可扩大容量3~4倍，最多达5倍。2Mbit/s的IDR其承载电路为30路，较小容量的IDR有1.024Mbit/s（16路）和512kbit/s（8路）。专用通信用的数字专线业务（IBS）发展很快，Ku频段达到ISDN质量水平的叫超级数字专线业务。稀路由业务方式仍有市场，其中有按需分配多址功能的方式称超级稀路由方式。非中心控制的稀路由的斯佩德方式因设备复杂已被淘汰。国际卫星通信的极化方式为双圆极化。

我国的卫星通信方式是采用国际卫星通信用C频段和Ku频段，也有用Ka频段的。一般的TDMA方式为60Mbit/s以下速率，还有SS-TDMA和转发器跳频的TDMA方式，有加数字电路复用设备的卫星数字信道（IDR/DCME）方式，也有自适差分脉冲编码的卫星数字信道（IDR/ADPCM）方式。因模拟的频分多址（FDMA）方式技术成熟，仍有使用。国内范围的以通话为主的稀路由（VISTA）方式用得较多，有单载波单信道/音节压扩频率调

制 / 按需分配多址（SCPC/CFM/DAMA）方式和单载波单信道 /4 相移相键控 / 按需分配多址（SCPC/QPSK/DAMA）方式以及较低速率的 TDMA 方式。甚小天线地球站系统的市场很大，它是以数据传输为主兼有话音传输的星状网，其制式和速率有多种，可供用户选用。国内卫星通信的极化方式一般为线极化，个别也有用圆极化的。

国际和国内的卫星电视传输都采用模拟调频制。国际间的电视节目交换使用全球波束转发器和 A 标准地球站，其接收质量较好，一个转发器可传两路 20MHz 带宽的电视节目。国内和区域卫星电视传输采用一个国内或区域波束转发器只开一路电视，取转发器全功率，以利大量的小型电视单收地球站易于接收。

特　点

卫星通信与其他通信方式相比较，有以下几个方面的特点：

①通信距离远，且费用与通信距离无关；

②发散方式工作，可以进行多址通信；

③通信容量大，频带宽，适用多种业务传输；

④可以自动收发进行监测；

⑤无缝覆盖能力；

⑥广域复杂网络拓扑构成能力；

⑦安全可靠性。

卫星通信的优点

1. 通信距离远：在卫星波束覆盖区域内，通信距离最远为 13 000 公里；

2. 不受通信两点间任何复杂地理条件的限制；

3. 不受通信两点间任何自然灾害和人为事件的影响；

4. 通信质量高，系统可靠性高，常用于海缆修复期的支撑系统；

5. 通信距离越远，相对成本越低；

6. 可在大面积范围内实现电视节目、广播节目和新闻的传输和数据交互；

7. 机动性大，可实现卫星移动通信和应急通信；

8. 信号配置灵活，可在两点间提供几百、几千甚至上万条话路和中高速的数据通道；

9. 易于实现多地址传输；

10. 易于实现多种业务功能。

卫星通信的缺点

1. 传输时延大：500 毫秒 ~800 毫秒的时延；

2. 高纬度地区难以实现卫星通信；

3. 为了避免各卫星通信系统之间的相互干扰，同步轨道的星位是有点位度的，不能无限制地增加卫星数量；

4. 太空中的日凌现象和星食现象会影响中断和影响卫星通信；

5. 卫星发射的成功率为 80%，卫星的寿命为几年到十几年；发展卫星通信需要长远规划和承担发射失败的风险。

同步卫星通信的特点

主要优点是：①通信距离远，在卫星波束覆盖区内一跳的通信距离最远约 13 × 103km（用全球波束，地球站对卫星的仰角在 5° 以上）；②不受通信两点间任何复杂地理条件的限制；③不受通信两点间的任何自然灾害和人为事件的影响；④只经过卫星一跳即可到达对方，因而通信质量高，系统可靠性高，常作为海缆修复期的支撑系统；⑤通信距离越远，成本越低；⑥可在大面积范围内实现电视节目、广播节目和新闻的传输，以及直达用户办公楼的交互数据传输甚至话音传输，因而适用于广播型和用户型业务；⑦机动性大，可实现卫星移动通信和应急通信；⑧灵活性大，可在两点间提供几百、几千甚至上万条话路，提供几十兆比（Mbit/s）甚至 120Mbit/s 的中高速数据通道，也可提供至少一条话路或 1.2kbit/s、2~4kbit/s 的数据通道；⑨易于实现多址传输；⑩有传输多种业务的功能。

主要缺点是：①传输时延大。卫星地球站通过赤道上空约 36 000km 的通信卫星的转发进行通信，视地球站纬度高低，其一跳的单程空间距离为 72 000~80 000km。以 300 000km/s 的速度传播的电波，要经过 240ms~260ms 的空间传输延时才能到达对方地球站，加上终端设备对数字信号的处理时间等，延时还要增加。根据国际电报电话咨询委员会建议（Rec.114），单程传输不要超过 400ms。对通话来说，发话方听到对方立即的回话，也要经过 500ms~800ms，这是可以被通话用户接受和习惯的。但由通话双方的二 / 四线混合线圈不平衡而造成的泄漏，将出现不可忍受的回音，因而必须无例外地加装回音消除器。②在南纬 75° 以上和北纬 75° 以上的高纬度地区，由于同步卫星的仰角低于 5° ，难以实现卫星通信，一般来说，纬度在 70° 以下的地面、80° 以下的飞机，均可经同步卫星建立通信。③同步轨道的位置有限，不能无限度地增加卫星数量和减小星间间隔。④每年有不可避免的日凌中断和须采取措施度过的星食发生。⑤需对卫星部署有长远规划。卫星寿命一般为几年至十几年，而卫星的设计和生产周期长，需及早安排后继卫星，但卫星发射成功率平均为 80% 左右，故要承担一定的风险。

固定卫星通信

国际卫星通信组织现在已经发展到第九代，在卫星性能方面以增大发射功率，提高 EIRP 值，增加卫星转发器数量，增加带宽，降低成本，减小地面终端设备的尺寸和费用。星上采用数字信号处理器，提高信号交换能力，减少地面设备，建立遥测、遥控、跟踪和监视功能以及网络管理功能的地球站，实现卫星动态控制及管理。卫星宽带通信直播高清晰度电视，连接 Internet 网发展网络电视等。

移动卫星通信

移动卫星通信可以是全球性亦可以是区域性，全球性的采用中、低轨道卫星，区域性的采用静止轨道通信卫星，区域移动通信卫星已经覆盖欧、亚、非 126 个国家。

国际移动卫星公司于 2005 年 3 月发射了第四代卫星，它具有全球波束和 19 个宽点波束以及 228 个窄点波束，用两颗卫星支持 Inmarsat 系统的大部分业务。它将引入宽带全球区域网的一系列新业务，传输速率达 432kbit/s，星上采用 L 波段天线及数字信号处理器，数字信号处理器具有信道选择和波束成形功能，能产生宽带信道匹配功率与带宽资源，数字信号处理器还能剪裁卫星覆盖范围和调正波束，以满足容量和业务种类要求，还能处理固态功放及低噪声放大器的故障。宽带全球区域网将传输互联网、内部网、视频点播、视频会议、传真、电子邮件、电话及局域网等接入业务。

中、低轨道全球移动卫星通信的业务主要是话音和数据，亦可以与互联网连接，进一步发展多媒体通信。

卫星通信的发展趋势总的发展方向是大容量、大功率、高速率、宽带、低成本、高发射频率、多转发器、多点波束和赋形波束，应用星上处理技术切换信号，处理信号等，现在的卫星直播电视、个人移动卫星通信、多媒体卫星通信、卫星音频广播、卫星网络电视等将会得到大量发展。卫视业务范围不断扩大，深入到国民经济的各个领域，更加显示其经济和社会效益，Ka 波段的应用使设备更加小型化，当然亦带来衰减严重的缺陷。光通信在卫星通信中的应用逐渐变得成熟可取，它要求精确的卫星控制技术，已经进入实用阶段。

中国的卫星通信事业亦在迅速发展，2005 年 4 月 12 日发射了亚太 -6 号（Apstar-6）卫星，它有 38 个 C 波段和 14 个 Ku 波段转发器，2006 年 10 月发射直播卫星 - 鑫诺 2 号（Sino-2），它有 22 个 Ku 波段转发器（目前有技术故障）。卫星通信的应用领域不断扩大，除金融、证券、邮电、气象、地震等部门外，远程教育、远程医疗、应急救灾、应急通信、应急电视广播、海陆空导航、连接互联网的网络电话、电视等将会广泛应用。中国的卫星发射技术，长征系列运载火箭领先世界，大推力、无污染、无毒的环保型火箭发动机中国已试验成功，这为发展中国的大型通信卫星乃至载人航天、探月工程创造了有利条件。

中国将沿着天地一体、优势互补、军民结合的长远发展方向迈进。

我国的卫星通信

（1）固定业务

1972 年，我国开始建设第一个卫星通信地球站，1984 年成功地发射了第一颗试验通信卫星，1985 年先后建设了北京、拉萨、乌鲁木齐、呼和浩特、广州等 5 个公用网地球站，正式传送中央电视台节目。此后又建成了北京、上海、广州国际出口站，开通了约 2.5 万条国际卫星直达线路；建设了以北京为中心，以拉萨、乌鲁木齐、呼和浩特、广州、西安、成都、青岛等为各区域中心的多个地球站，国内线路达 10 000 条以上。

专用网建设发展非常迅速，人民银行、新华社、交通、石油天然气、经贸、铁道、电力、水利、民航、中核总公司、国家地震局、气象局、云南烟草、深圳股票公司以及国防、公安等部门已建立了 20 多个卫星通信网，卫星通信地球站（特别是 VSAT）已达万座。

（2）卫星电视广播业务

1984 年，“东方红”卫星发射成功，开创了我国利用卫星传送广播电视节目的新纪元。截止到 2015 年，中央电视台 4 套、教育台、新疆、西藏、云南、贵州、四川、浙江、山东、湖南、河南、广东、广西、河北等十几个省级台的电视节目和 40 多种语言广播节目已上卫星传送，已有卫星电视地面收转站十万个，电视专收站约 30 万个。很多系统采用了比较先进的数字压缩和还原技术。

（3）卫星移动通信业务

卫星移动通信主要解决陆地、海上和空中各类目标相互之间及与地面公用网的通信任务。我国作为 INMARSAT 成员国，北京建有岸站，可为太平洋、印度洋和亚太地区提供通信服务。另外，我国逐步开展机载卫星移动通信服务。石油、地质、新闻、水利、外交、海关、体育、抢险救灾、银行、安全、军事和国防等部门均配备了相应业务终端。现我国已进入 INMARSAT 的 M

站和C站，有近5000部机载、船载和陆地终端。

（4）未来展望

随着我国现代化建设和以多媒体，自媒体，全媒体为代表的信息高速公路的发展，我国自主的大容量通信卫星已经成为主体。现在，我国卫星通信已经获得重大发展，尤其是新技术，如光开关、光信息处理、智能化星上网控、超导、新的发射工具和新的轨道技术的实现，将使卫星通信产生革命性的变化，卫星通信将对我国的国民经济发展，对产业信息化产生巨大的促进作用。

自媒体

自媒体是由谢因波曼与克里斯威理斯两位联合提出的，又称“公民媒体”或“个人媒体”，是指私人化、平民化、普泛化、自主化的传播者，以现代化、电子化的手段，通过网络向不特定的大多数或者特定的单个人传递规范性及非规范性信息的新媒体的总称。自媒体平台包括：博客、微博、微信、百度官方贴吧、论坛/BBS，facebook等网络社区。

自媒体是由普通大众独立主导的信息传播活动，由传统的“点到面”的传播，转化为“点到点”的一种对等的开放式的传播概念。同时，它也是指为个体提供信息生产、积累、共享、传播内容兼具私密性和公开性的信息传播方式。现在的人们不再接受被一个“统一的声音主宰”告知你对或错，每一个人都能从独立获得的资讯中，对事物做出自己的判断，谁都可以是导演、播音主持、演员，也可以是观众，分享和共享成为主流。

自媒体传播速度之快，使用范围之广，受众群体之多，形式内容之广，爆发出巨大的能量，对传统媒体形成强大的威慑力，从根本上说取决于其传播主体的多样化、平民化和普泛化。草根阶层都有了话语权。

因为自媒体的内容没有既定的核心，想到什么就写什么，看到什么拍什么，或者对一事一物，一个电影，一个电视剧，一本书，一个观点，一种现象等进行讨论。只要觉得有价值的东西就分享出来，不需要考虑太多人的感受（不违反法律、公序良俗为前提），所以看一些优秀的自媒体文章、视频、照片就是一种享受。

其特点就是：1. 平民化个性化；2. 低门槛易操作；3. 交互强传播快。

没有空间和时间的限制，得益于数字科技的发展，我们任何人都可以经营自己的“媒体”，信息能够迅速地传播，时效性大大的增强。作品从制作到发表，其迅速、高效，是传统的电视、报纸媒介所无法企及的。自媒体能够迅速地将信息传播到受众中，受众也可以迅速地对信息传播的效果进行反馈。自媒体与受众的距离是为零的，其交互性的强大是任何传统媒介望尘莫及的。

自媒体平台包括但不限于个人微博、个人日志、个人主页等，其中最有代表性的托管平台是美国的 Facebook 和 Twitter，中国的 QQ 空间、新浪微博、腾讯微博、微信朋友圈、微信公众平台、人人网、百度贴吧等。

事物都是一分为二的，当然自媒体也不例外。也有它的不足之处：

1. 可信度低；2. 良莠不齐；3. 随意性大；4. 法律滞后。

自媒体在整个市场当中还是相对火热的，但是和火热的自媒体整体市场相比，竞争也很大。想在这么多自媒体人当中找到自己的一席之地，可以从三个方面来做，即内容、运营、定位。这三个是做好自媒体的关键点。能“面面俱到”的自媒体少之又少。随着自媒体的发展，细化是必然的结果。所以，给自媒体自身的定位是非常关键的，你给自己的定位是什么，内容定位、传播定位、读者定位都非常重要。

要让读者记住某个平台几百个自媒体的名字，或者让读者订阅几百个自媒体的账号是不可能的。自媒体之间是存在隐形的竞争的，平台的竞争、读者的竞争、上头条的竞争源于自媒体自身，结果也因自媒体而变。

自媒体如何运营，需要注意几个问题：1. 搭建平台；2. 吸引读者；3. 双向互动。

搭建平台：公众平台和自媒体人是共生关系的。平台需要自媒体的好内容，自媒体需要平台将内容散播出去。

吸引读者：有人叫读者、粉丝和用户，其实他们是你公众号所能影响到的读者，并逐渐转化为深度读者。

双向互动：和读者互动要诚实，谦虚，认真，勤劳，公正，客观，实事求是。

自媒体运营者的核心是自媒体的内容。自媒体将自己的信息、价值、理念传播出去，靠的是有创新思维的内容，而文字、视频、音频等介质均为载体。

第四节　网民最关心——网络安全

1. 网络暗流需提防——骇客

（1）黑客

你认识“黑客”吗？你知道它是干什么的吗？它与网络有什么关系呢？“黑客（hacker）”一词源自英文单词“hack”，意为“劈、砍”，后来引申为“干得漂亮”。一般来说，黑客起源于20世纪50年代的美国麻省理工

学院的实验室中。麻省理工实验室中的精英们，精力充沛，才智过人，热衷于挑战各种难题。在麻省理工学院的校园俚语中，“黑客”有“恶作剧”之意，指那些技术高明的恶作剧。

事实上，刚开始的“黑客”并不具有恶意的意味。在20世纪60年代，黑客一词代指那些善于独立思考、奉公守法的计算机迷，他们利用分时技术允许多个用户同时执行多个程序，从而扩大了计算机及网络的适用范围。而在70年代，黑客发明并开始生产个人计算机，从而改变了以往计算机技术只掌握在少数人身上的情况，黑客的行动简直给计算机界带来了一场革命，这一时期的黑客们简直可以称为计算机史上的英雄人物。苹果公司的创始人，史蒂夫·乔布斯，这个家喻户晓的人物，便是其中的一员。不可否认，这一时期的黑客们也发明了一些侵入计算机的技巧，如破解口令、开

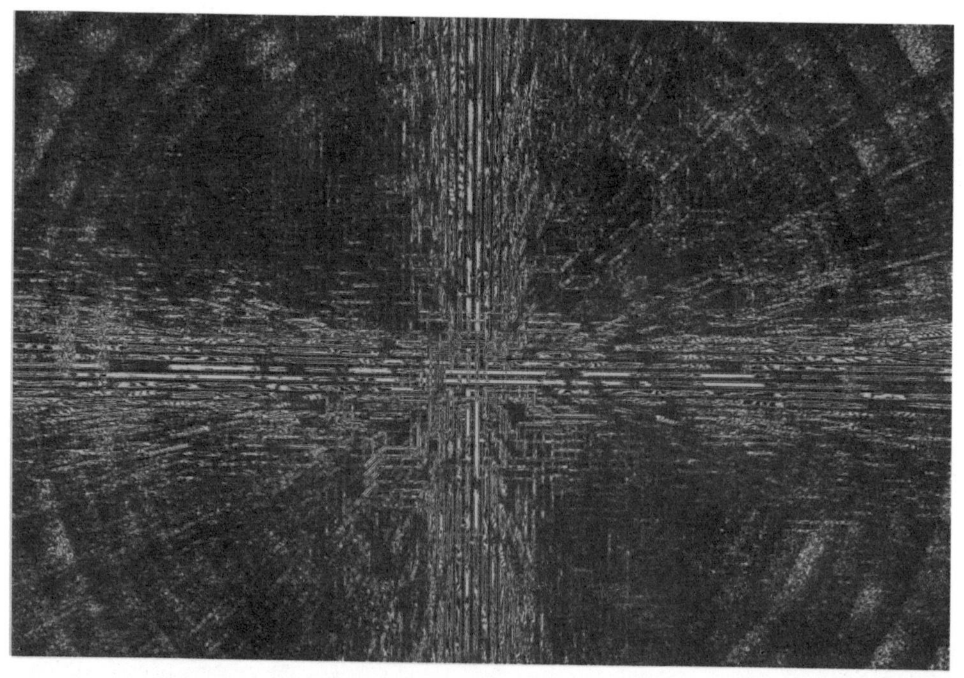

▲ 《骇客帝国》中对计算机世界的描述

天窗等均属此列。80年代，以黑客为代表的软件工程师们开始为个人计算机设计各种应用软件，他们的杰出代表便是计算机天才比尔·盖茨。随着计算机重要性的提高，又出现了信息越来越掌握在少数人手里的情况，大型的数据库越来越多。这时黑客们为了实现信息共享，开始频繁地入侵各大计算机应用系统。

通过以上的介绍，我们就不难理解，黑客一定意义上是指那些真正了解计算机系统，并且对计算机的发展有所贡献的人。他们的存在，创造了新的计算机应用技术，给互联网带来更多新的发现、惊喜。而不是现在人们所说的那些以破坏为目的的入侵者，偷偷入侵别的企业或个人的计算机系统，给他人造成巨大的损失。

什么是骇客呢？和黑客有什么关系吗？骇客是指具备丰富的电脑知识的一群人。不过他们不是把自己所拥有的电脑知识用于网络服务，而是专门用来入侵电脑，并且以破坏电脑软、硬件为目的。他们可以入侵到企事业单位的计算机系统实施破坏，也可以利用网络漏洞对网络进行攻击破坏。黑客与骇客有着本质上的不同，不要把他们混淆。虽然骇客、黑客都不是指固定的某些人，但是，骇客的行为要比黑客恶劣得多。因此要对他们有清楚的认识。希望一些电脑爱好者不要成为一名“骇客”，都争取为网络服务做好事。

（3）最著名的五大黑客

美国ABC新闻网近期在广泛征求赛门铁克、美国司法部、全美白领犯罪中心以及其他几家著名的科技咨询机构意见的基础上，综合考虑影响范围、经济损失等因素，评出了五大最著名黑客。他们分别是哪些高手呢？

①弗雷德·科恩

1983年11月3日，还是南加州大学在读研究生的弗雷德·科恩在UNIX系统下，编写了一个会自动复制并在计算机间进行传染从而引起系统死机的小程序。后来，科恩为了证明他的理论而将这些程序以论文发表，从而引起了轰动。此前，有不少计算机专家都曾发出警告“计算机病毒可能会出现”，但科恩是真正设计计算机病毒的第一人。他的一位教授正式将他编写的那段程序命名为“病毒”。

▲ 弗雷德·科恩

②凯文·米尼克

凯文·米尼克被美国司法部称为“美国历史上被通缉的头号计算机罪犯”。他是真正的计算机天才。他开始黑客生涯的起点是破解洛杉矶公交车打卡系统，并因此得以免费乘车。他尝试盗打电话，侵入了Sun、

▲ 凯文·米尼克

Novell、摩托罗拉等公司的系统。他还曾成功地进入了五角大楼并查看一些国防部文件。17岁那年，他第一次被捕。当时被称为“美国最出色的电脑安全专家”的日裔美籍计算机专家下村勉，经过艰苦漫长的努力，于1995年跟踪缉拿到他。5年零8个月的监禁之后，米尼克现在经营着一家计算机安全公司。

③罗伯特·塔潘·莫里斯

1988年，还在康奈尔大学读研究生的莫里斯发布了史上首个通过互联网传播的蠕虫病毒。莫里斯创造蠕虫病毒的初衷是为了搞清当时的互联网内到底有多少台计算机。可是，这个试验最后脱离了他的控制，这个蠕虫病毒对当时的互联网几乎构成了一次毁灭性攻击。莫里斯最后被判处3年缓刑，400小时的社区服务和10500美元的罚金。他是根据美国1986年制定的“电脑欺诈滥用法案”被宣判的第一人。他后来创办了一家为网上商店开发软件的公司，并在3年后以4800万美元的价格将这家公司卖给雅虎，更名为“Yahoo！Store”。莫里斯现在担任麻省理工学院

▲ 罗伯特·塔潘·莫里斯

▲ 凯文·鲍尔森

电脑科学和人工智能实验室的教授。

④凯文·鲍尔森

凯文·鲍尔森对汽车很感兴趣。1990年，洛杉矶电台推出一档有奖节目，宣布将向第102位打入电话的听众免费赠送一辆保时捷跑车。结果，鲍尔森立即以黑客手段进入洛杉矶电台的KIIS—FM电话线，并“顺利”地成了赢得保时捷的“幸运听众”。其实在此之前，因为鲍尔森闯入了FBI的数据库和国防部的计算机系统，FBI(美国联邦调查局)已经开始在追查他。在17个月的躲避后，他于1991年被捕并被判处5年监禁。现在他是《连线》杂志的高级编辑。

⑤肖恩·范宁

从大多数人的认知来说，肖恩·范宁很难被称为“黑客”，但是他对计算机世界的改变正是绝大多数黑客渴望去做却未做成的。范宁是全球第一个走红的P2P音乐交换软件Napster的创始人，也正是这个软件开始颠覆传统商业的音乐格局。越来越多的人们不再是跑去商店买CD，开始进行网络下载音乐。后来在经过多次由唱片业主导的法律诉讼后，Naspter成为Roxio公司的资产。2006年12月，范宁又研发出了社交网络工具Rupture，供网络游戏《魔兽世界》的玩家方便地进行沟通。

▲ 肖恩·范宁

知识链接

三种常见邮件协议

SMTP，英文 Simple Mail Transfer Protocol 的缩写，SMTP 主要负责底层的邮件系统如何将邮件从一台计算机传至另外一台计算机。

POP，英文 PostOffice Protocol 的缩写，目前的版本为 POP3。POP3 是把邮件从电子邮箱中传输到本地计算机的协议。

IMAP，英文 Message Access Protocol 的缩写，目前的版本为 IMAP4，是 POP3 的一种替代协议，提供了邮件检索和邮件处理的新功能。使用 IMAP，用户直接可以对邮件和文件夹目录等进行操作，完全不必下载邮件正文就可以看到邮件的标题摘要。IMAP 协议减少了垃圾邮件对本地系统的直接危害，增强了电子邮件的灵活性，相对节省了用户查看电子邮件的时间。

2. 病毒的天敌——计算机安全宝典

（1）安装杀毒软件

在计算机入网以及日常的使用中，难免会感染上一些计算机病毒，那么，如何来对此防治呢？那就要用到杀毒软件，它是一种专门用于保护计算机安全的软件。在计算机上安装上杀毒软件是相当必要的。目前，计算机安全软件有防黑软件、杀毒软件和防火墙等，它们三者共同承担电脑的安全工作，其中杀毒软件是电脑中必不可少的。我们在上网时，即便是遭受到骇客的攻

▲ 360 杀毒界面

击，安装了杀毒软件的电脑在一定程度上也不会轻易受到破坏的。不过，在使用电脑的时候，最好不要随便下载东西，以免遭到更严重的病毒侵害。

（2）取消文件夹隐藏共享

在我们使用电脑的时候，有些程序在运行但我们却找不到它存在的位置，其实这是因为所使用的文件夹被隐藏共享了。在 Windows2000/XP 系统环境下，右键单击 C 盘或者其他磁盘，选择“共享”项，你会发现它已经被设置为“共享该文件夹”。而在“网上邻居”中却看不到这些内容，这是为什么呢？原来，在默认的状态下，Windows2000/XP 会开启所有分区的隐藏共享，从“控制面板→管理工具→计算机管理”窗口下，选择“系统工具→共享文件夹→共享”，就可以看到硬盘上的每个分区名后面都加了一个

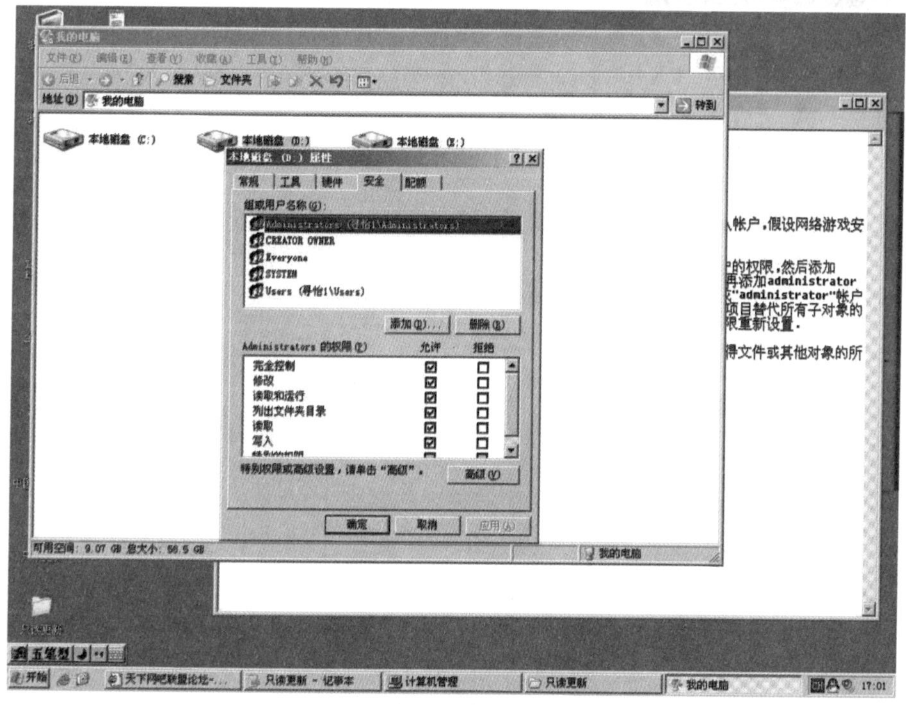

▲ 修改用户示意图

“$”。只要输入“计算机名或者 IPC$”，系统就会询问用户名和密码，但是，大多数个人用户系统 Administrator 的密码都是空的，这就给网络安全带来了极大的隐患，入侵者可以轻易看到 C 盘的内容。怎样来消除默认共享呢？方法很简单，打开注册表编辑器，进入“HKEY_LOCAL_MACHINESYSTEMCurrentControlSetSevicesLanmanworkstationparameters”，新建一个名为“AutoShareWKs”的双字节值，并将它的值设为“0”，然后重新启动电脑，这样共享就取消了。

（3）拒绝恶意代码

在使用网络的时候，经常会弹出一些小对话框，不过，你不要轻易去点击这些对话框，因为它可能是一段恶意代码的化身。目前，恶意代码或网页

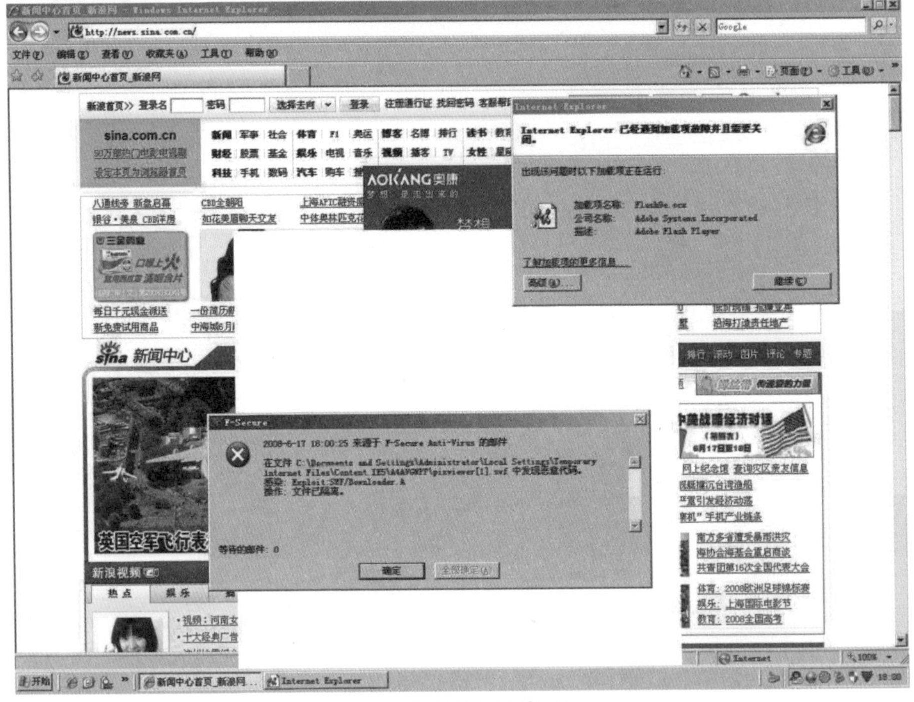

▲ 病毒提示示意图

成了宽带的最大威胁之一。在宽带流行之前，因为打开网页的速度慢，在网页未被完全打开前可以发现恶意代码，并立即把它关闭。而现在宽带的速度非常快，一分钟之内能打开好几个网页，所以很容易就被恶意网页攻击。一般恶意网页都是因为加入了编写的恶意代码才有破坏力的。这些恶意代码相当于一些小程序，只要打开该网页就会被运行，所以只要禁止这些恶意代码的运行就可以避免恶意网页的攻击。

那么，如何避免恶意代码的攻击呢？具体方法是运行 IE 浏览器，依次点击“工具→互联网选项→安全→自定义级别”，将安全级别定义为“安全级—高”，对“ActiveX 控件和插件”中第 2、3 项设置为“禁用”，其他项设置为“提示”，之后点击“确定”按钮。经过这样的设置，你再使用 IE

浏览网页时，就能有效避免恶意代码的攻击。

（4）删掉不必要的协议

对于我们的电脑主机来说，一般只安装 TCP/IP 协议就够了，对于不必要的协议可以进行卸载。鼠标右击“网络邻居”，选择“属性”，再用鼠标右击“本地连接”，选择“属性”，这样不必要的协议就可以被卸载了。其中 NETBIOS（网络基本输入与基本输出协议）是很多安全缺陷的根源，可以将绑定在 TCP/IP 协议的 NETBIOS 关闭，避免针对 NETBIOS 的攻击。那么，如何对 NETBIOS 进行关闭呢？选择“TCP/IP 协议→属性→高级”，进入“高级 TCP/IP 设置”对话框，选择“WINS”标签，勾选“禁用 TCP/IP 上的 NETBIOS”一项，关闭 NETBIOS。

文件和打印共享应该是一个非常有用的功能，但在不需要它的时候，也会成为黑客入侵的途径，所以在没有必要使用“文件和打印共享”的情况下，最好将它关闭。那么，如何来进行操作呢？用鼠标右击“网络邻居”，选择“属性”，然后单击“文件和打印共享”按钮，将弹出的“文件和打印共享”对话框中的两个复选框中的

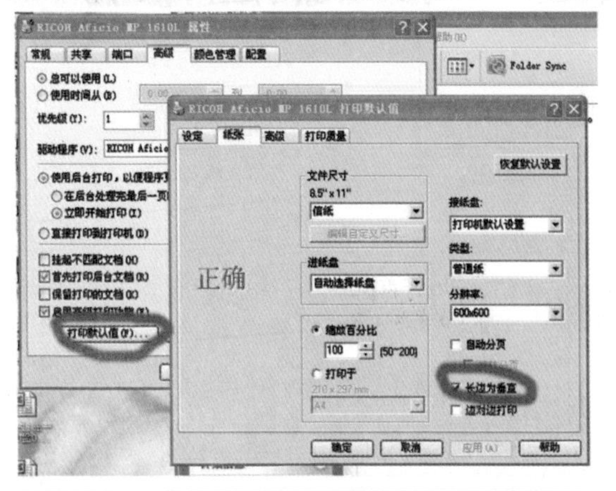

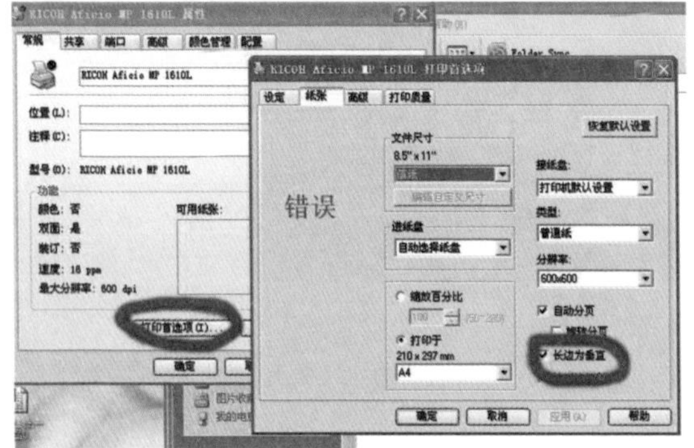

▲ 文件打印机共享测图

钩去掉即可。

虽然“文件和打印共享”关闭了，但是还不能确保安全，还要修改注册表，禁止他人更改“文件和打印共享”。首先打开注册表编辑器，选择“HKEY_CURRENT_USERSoftwareMicrosoftWindowsCurrentVersionPoliciesNetWork”主键，在该主键下新建DWORD类型的键值，然后输入键值名为“NoFileSharingControl”，键值设为“1”表示禁止这项功能。这样在“网络邻居”的“属性”对话框中“文件和打印共享”就不复存在了。键值为“0”表示允许这项功能。

（6）禁止建立空连接

在默认的情况下，任何用户都可以通过空连接与服务器相连，这样就可以获取账号并猜测到密码，因此，我们必须禁止建立空连接。如何来禁止呢？

要想禁止空连接就要对注册表进行修改。修改的方法很简单，打开注册表“HKEY_LOCAL_MACHINESystemCurrentControlSetControlLSA”，将DWORD值“RestrictAnonymous”的键值改为“1”即可。

（7）隐藏 IP 地址

骇客经常利用一些网络探测技术来查看我们的主机信息，主要目的就是得到网络中主机的 IP 地址。IP 地址在网络安全上是一个很重要的概念，如果攻击者知道了你的 IP 地址，等于为他的攻击准备好了目标。他可以向这个 IP 发动各种进攻，如 Floop 溢出攻击、DOS 拒绝服务攻击等。那么，如何来避免这种情况的发生呢？那就要把 IP 地址隐藏起来。通过代理服务器可以隐藏 IP 地址。

与直接连接到互联网上相比，使用代理服务器能保护上网用户的 IP 地址，从而保障上网安全。代理服务器的原理是在个人电脑和远程服务器（如用户想访问远端 WWW 服务器）之间架设一个“中转站”，当个人电脑向远程服务器提出服务要求后，代理服务器首先截取用户的请求，然后代理服务器将服务请求转交远程服务器，从而实现客户机和远程服务器之间的

联系。很显然，使用代理服务器后，其他用户探测不到用户的 IP 地址，只能探测到代理服务器的 IP 地址，这就实现了隐藏用户 IP 地址的目的，保障了用户上网安全。你可以用代理猎手等工具来查找提供免费代理服务器的网站。

（8）关闭不必要的端口

骇客在入侵时常常会扫描你的计算机端口，如果安装了端口监视程序，比如 Netwatch，该监视程序则会有警告提示。一旦遇到这种入侵，可用工具软件关闭用不到的端口。比如，用“Norton 互联网 Security”关闭用来提供网页服务的 80 和 443 端口，以及其他一些不常用的端口。

（9）更换管理员账户

管理员账户拥有最高的系统权限，一旦该账户被人利用，后果不堪设想。

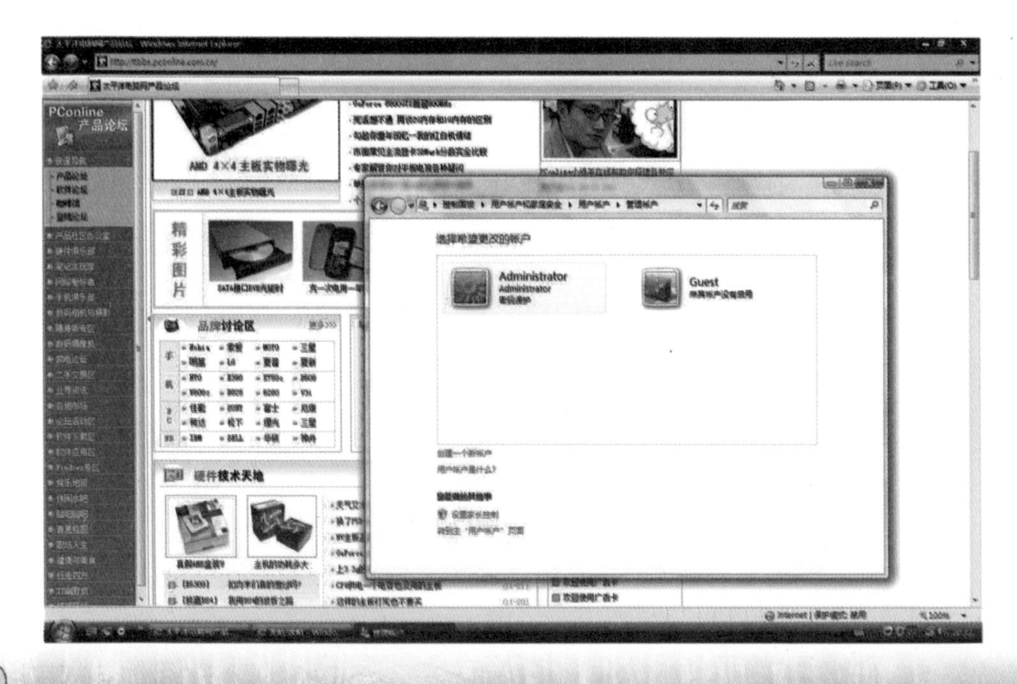

骇客入侵的常用手段之一就是试图获得管理员账户的密码，所以我们要经常重新配置管理员账号。

首先是为管理员账户设置一个强大复杂的密码，然后再重命名管理员账户，最后还要创建一个没有管理员权限的管理员账户欺骗入侵者。这样一来，可以在一定程度上减少危险性，入侵者很难搞清哪个账户真正拥有管理员权限。

（10）杜绝 Guest 账户的入侵

Guest 的中文意为“客人”，Guest 账户就是所谓的来宾账户，它可以访问计算机，但是要受到一定限制。即使是这样，Guest 也为黑客入侵打开了方便之门，所以保护计算机安全的重要方式之一是杜绝基于 Guest 账户的

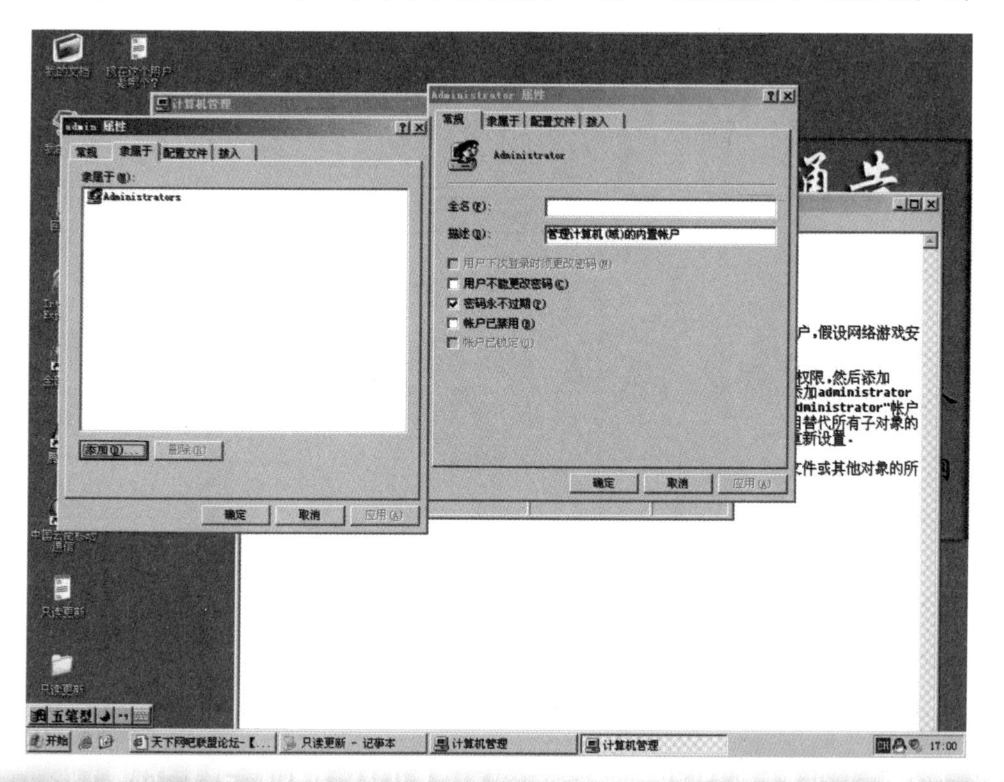

系统入侵。

禁用或彻底删除 Guest 账户是最好的办法，但在某些必须使用到 Guest 账户的情况下，就需要通过其他途径来做好防御工作了。首先要给 Guest 设一个强大的密码，然后详细设置 Guest 账户对物理路径的访问权限。举例来说，如果你要防止 Guest 用户，可以访问 tool 文件夹，右击该文件夹，在弹出菜单中选择“安全”标签，从中可看到可访问此文件夹的所有用户。在权限中为相应的用户设定权限，例如只能“列出文件夹目录”和“读取”等，或者删除管理员之外的所有用户，这样再使用 Guest 就安全多了。

（11）防范木马程序

木马程序是最常见的病毒之一，它一般会窃取所植入电脑中的有用信息，因此我们也要防止被黑客植入木马程序。如何来防止木马程序入侵呢？常用的办法是提前预防，将下载的文件先放到自己新建的文件夹里，用杀毒软件来检测。

还可以在“开始”→“程序”→“启动”或“开始”→“程序”→“Startup”选项里看是否有不明的运行项目，如果有，要立刻把它删除。

另外，还要将注册表里 HKEY_LOCAL_MACHINE\SOFTWARE\Microsoft\Windows\CurrentVersion\Run 下的所有以“Run”为前缀的可疑程序全部删除。

（12）不要回复陌生人的邮件

你知道吗？有些黑客文件是非常狡猾的，他们可能会冒充某些正规网站的名义，然后编个冠冕堂皇的理由寄一封信，要你输入上网的用户名称与密码，然后，当你按照它的要求，输入用户名与密码，并点击“确定”按钮后，你的账号和密码就进入了黑客的邮箱。因此，在收发邮件时不要随便回陌生

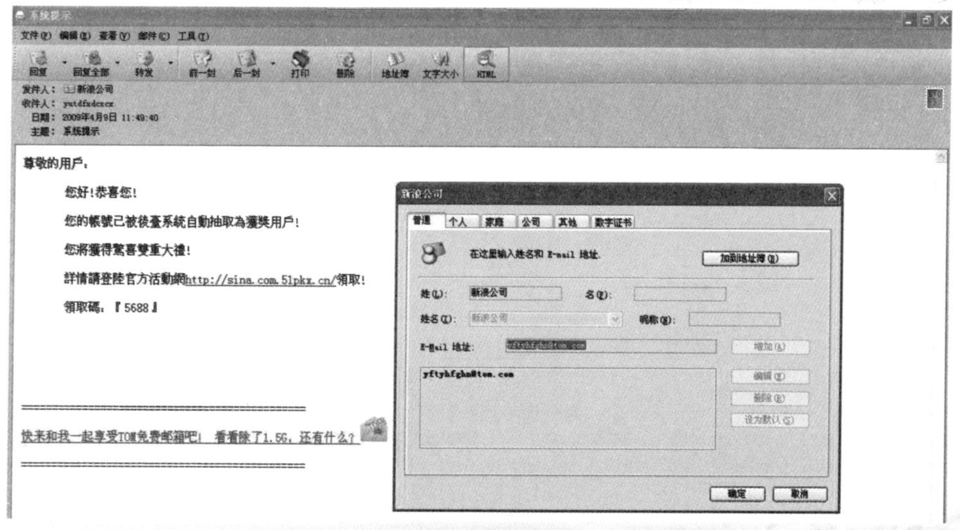

▲ 收到邮件提醒功能图

人的邮件，一定要看清楚再进行操作，即使他说得再动听再诱人也不要上当去回复邮件。

（13）做好IE的安全设置

虽然ActiveX（一些软件组织或对象，可以插到Web网页或其他应用程序中）控件和Applets有较强的功能，但也存在被人利用的隐患。网页中的恶意代码往往就是利用这些控件编写的小程序，只要打开网页就会被运行，所以只有禁止这些恶意代码的运行才能避免恶意网页的攻击。IE对此提供了多种选择，通过具体设置步骤“工具”→“互联网选项”→“安全”→“自定义级别”来进行，同时还要将ActiveX控件与相关选项禁用。

另外，在IE的安全性设定中我们只能设定互联网、本地Intranet、受信任的站点、受限制的站点。不过，微软公司在这里隐藏了“我的电脑”的安全性设定，通过修改注册表把该选项打开，可以使我们在对待ActiveX控件和Applets时有更多的选择，并对本地电脑安全产生更大的影响。

最后建议大家给自己的系统打上补丁，不要认为那些没完没了的补丁很烦人，其实它们还是很有用的，因为补丁的修复也是在变相地保护电脑安全！

3. 拒敌于千里之外——防火墙

防火墙是英文 Firewall 的意译，是在网络与电脑之间建立起的一道监控屏障，从而使在防火墙内部的系统不受网络骇客的攻击。理论上来讲，防火墙既是信息分离器、限制器，也是信息分析器，它可以有效地监控局域网和互联网之间的任何活动，从而保证局域网内部的安全。

使用防火墙可以过滤不安全的服务，极大地提高网络安全并减少子网中主机的风险。例如，防火墙可以禁止 NIS（网络信息服务）、NFS（网络文件系统）服务通过、拒绝源路由和 ICMP（网际控制报文协议）重定向封包。

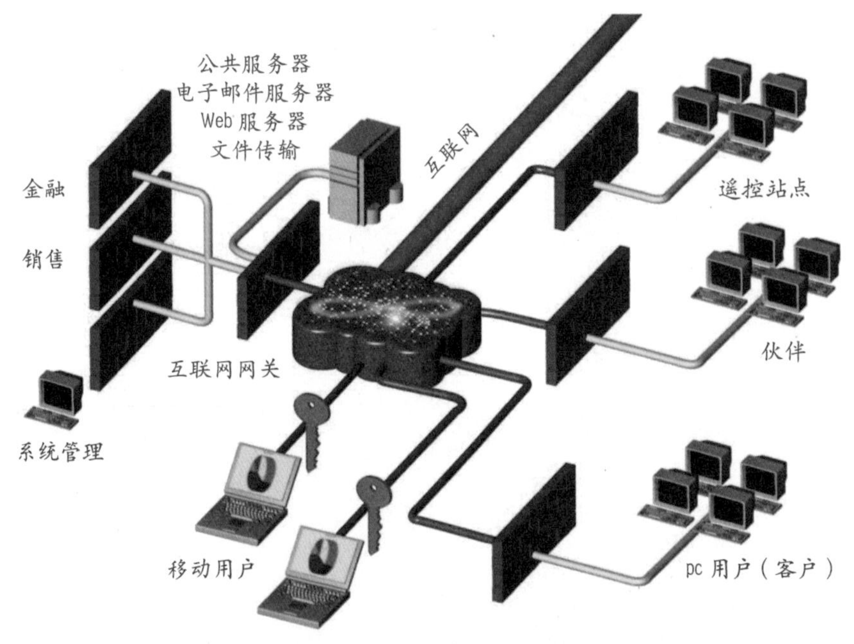

▲ 四通八达的互联网需要有防火墙才安全

另外，防火墙还可以控制外部对系统的访问权限。例如某些企业允许从外部访问企业内部的某些系统，而禁止访问另外的系统。通过防火墙对这些允许共享的系统进行设置，从而达到保护企业内部信息的安全的目的。

防火墙根据应用不同，包含有不同的类型。从总体上分，可以把它分为数据包过滤、应用级网关和代理服务器三种类型。

（1）数据包过滤防火墙

数据包过滤技术是在网络层对数据包进行选择的一种方式，选择的依据是系统内设置的过滤逻辑，它被称为访问控制表。通过检查数据流中每个数据包的源地址、目的地址、所用的端口号、协议状态等因素，或它们的组合来确定是否允许该数据包通过。数据包过滤防火墙通常被安装在路由器上，具有逻辑简单、价格便宜、易于安装和使用的特点，并且网络性能和透明性好。

虽然数据包过滤防火墙拥有众多的优点，但也有它的不足，它的缺点主要表现在两个方面：一是非法访问突破防火墙，依然能够攻击主机上的软件和配置漏洞；二是数据包的源地址、目的地址以及 IP 的端口号都在数据包

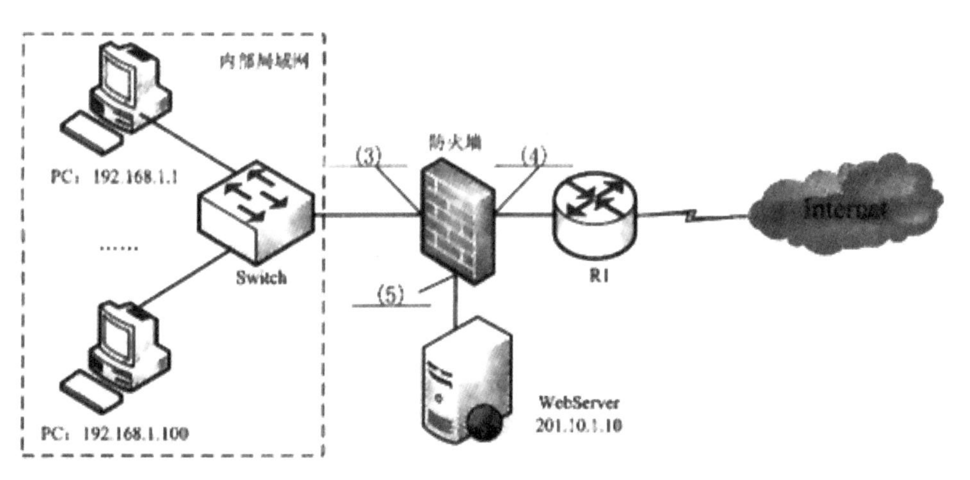

▲ 局域网防火墙示意图

的头部，很有可能被窃听或假冒。

（2）应用级网关防火墙

应用级网关主要是在网络应用层上建立协议过滤和转发的功能。它针对特定的网络应用服务协议使用指定的数据过滤逻辑，并在过滤的同时，对数据包进行必要的分析、登记和统计，形成报告。实际中的应用网关通常安装在专用工作站系统上。

数据包过滤防火墙和应用网关防火墙有一个共同的特点，它们只能依靠特定的逻辑判定是否允许数据包通过。一旦满足逻辑，则防火墙内外的计算机系统便可以建立直接联系，这有利于实施非法访问和攻击，防火墙外部的用户就有可能直接了解防火墙内部的网络结构和运行状态。

（3）代理服务防火墙

代理服务也称链路级网关或TCP通道，也有人将它归于应用级网关。它是针对数据包过滤和应用网关技术存在的缺点而引入的防火墙技术，特点是将所有跨越防火墙的网络通信链路分为两段。防火墙内外计算机系统间应用层的“链接”，由两个终止代理服务器上的“链接”来实现，外部计算机的网络链路只能到达代理服务器，从而隔离开防火墙内外的计算机系统。此外，代理服务也对过往的数据包进行分析、注册登记，形成报告，同时当发现被攻击迹象时保留攻击痕迹，并向网络管理员发出警报。

目前网络上最著名的软件防火墙是LockDown2000，这套软件需要经过注册才能获得完整版本，它保护个人上网用户、维护商务网站的运作，功能十分强大，表现非凡。但注册这样一个防火墙软件需要一定费用，如果有能力，使用这一款防火墙是不错的选择。

知识链接

E时代

E时代，小写“e”是英文electronic（电子）的缩写。E时代指电子时代，后来随网络普及到办公、生活和商务等各个领域的时代。

电脑网络出现电子信件E-mail后，电子信件以其快速、简便、高效、经济、实用等功能，在较短的时间内替代了传统的邮寄信件，同时微软的“浏览e”的数字传媒的出现，对传统的新闻、报纸、书刊、影视、视听颠覆了大E时代。随着E时代的不断发展，电子商务不断把市场和交易E化了。一些实体经营店开始渐渐衰退了（例如书店）。

互联网电视

互联网电视是一种利用宽带的有线电视网，集互联网、多媒体、通信等多种技术，通过互联网电视为用户提供包括数字电视在内的多种交互式服务技术。它采用高效的视频压缩技术，使视频流传输带宽在800Kb/s时可以达到DVD播放效果（通常情况下DVD的视频传输带宽是3Mb/s），对开展视频类业务如因特网上视频直播、节目源制作等，是一个全新的技术概念。

网络电视也叫交互式网络电视。基于互联网，以宽带以太网为传输链路，以个人电脑或者与DMA连接的模拟电视机为终端的电视。网络电视是以宽带网络为载体，以视音频多媒体为形式，以互动个性化为特性，为所有宽带终端用户提供全方位有偿服务的业务。网络电视是在数字化和网络化背景下产生的数字传媒，是互联网络技术与电视技术结合的产物。在电视与网络传播过程中，网络电视既保留了电视形象直观、生动、灵活的表现特点，又具有了互联网按需获取的交互特征，是综合两种传播媒介优势而产生的一种新的传播形式。深受大众欢迎。

图片授权

全景网

壹图网

中华图片库

林静文化摄影部

敬　启

本书图片的编选，参阅了一些网站和公共图库。由于联系上的困难，我们与部分入选图片的作者未能取得联系，谨致深深的歉意。敬请图片原作者见到本书后，及时与我们联系，以便我们按国家有关规定支付稿酬并赠送样书。

联系邮箱：932389463@qq.com